ÉLÉMENTS

DE

TRIGONOMÉTRIE

A L'USAGE DES

CANDIDATS AU COMMANDEMENT DES NAVIRES

DU COMMERCE

PAR DEUX ANCIENS PROFESSEURS

DE LA MARINE MILITAIRE ET DE LA MARINE DU COMMERCE.

NOUVELLE ÉDITION.

PARIS

ROBIQUET, QUAI DES ORFÈVRES, 6.

DANS LES PORTS

CHEZ LES PRINCIPAUX LIBRAIRES.

1864

ÉLÉMENTS

DE

TRIGONOMÉTRIE

Vannes. — Imprimerie Gustave De Lamarzelle.

ÉLÉMENTS

DE

TRIGONOMÉTRIE

A L'USAGE

DES CANDIDATS AU COMMANDEMENT DES NAVIRES

DU COMMERCE

PAR DEUX ANCIENS PROFESSEURS

DE LA MARINE MILITAIRE ET DE LA MARINE DU COMMERCE.

NOUVELLE ÉDITION.

PARIS

ROBIQUET, QUAI DES ORFÈVRES, 6.

DANS LES PORTS

CHEZ LES PRINCIPAUX LIBRAIRES.

1864

1865

TRIGONOMÉTRIE.

I. LIGNES TRIGONOMÉTRIQUES.

NOTIONS PRÉLIMINAIRES.

1. Objet de la Trigonométrie. Le principal objet de la Trigonométrie est la *résolution* des triangles par le calcul numérique.

En Géométrie, on donne les moyens de construire un triangle rectiligne ou sphérique, dont on connaît trois éléments *distincts*. On peut donc *résoudre* le triangle, c'est-à-dire déterminer ses éléments inconnus par des procédés purement graphiques. Mais l'approximation des résultats est alors bornée par l'imperfection de nos organes et de nos instruments, tandis que le calcul permet d'atteindre à une rigueur qui n'a, pour ainsi dire, aucune limite.

2. Mesure des longueurs. On représente une longueur par un nombre qui exprime son rapport à une certaine longueur prise pour unité; ce rapport est dit la *mesure* de la longueur.

L'unité la plus habituelle est le mètre, avec ses multiples et ses sous-multiples décimaux.

Quand on prend diverses longueurs sur une même ligne, à partir d'un même point, on indique leur direction par rapport à cette origine commune, en affectant du signe + celles qui sont dans un sens, et du signe — celles qui sont dans le sens opposé.

Par exemple, on donne le signe + à toutes les longueurs situées à la droite du point O, sur la courbe X′X, et le signe — à celles qui sont à gauche de ce point. Cette convention une fois établie, on ne doit plus l'intervertir dans la suite.

3. Mesure des angles. L'espace angulaire autour d'un point, dans un plan, se divise en quatre angles droits nommés *quadrants;* chaque angle droit se partage en 90 angles rectilignes égaux appelés *degrés,* puis chaque degré en 60 *minutes,* et chaque minute en 60 *secondes.* Autrefois, on décomposait la seconde en 60 tierces, la tierce en 60 quartes; mais on préfère, actuellement, exprimer en fraction décimale de la seconde tous les angles qui sont moindres qu'elle. Les degrés, minutes, secondes, tierces... s'indiquent par les signes $^{\circ}$, $'$, $''$, $'''$...

Ce mode de division de l'espace plan autour d'un point en quatre fois 90°, ou en 360°, porte le nom de *division sexagésimale ;* il est en usage chez tous les peuples et c'est ce qui en assure le maintien, malgré les avantages de la division *centésimale* proposée plus récemment (1).

En Astronomie, l'espace angulaire se divise souvent en 24 parties égales nommées *heures,* puis chaque heure en 60 minutes, chaque minute en 60 secondes et chaque seconde en 60 tierces. Les heures, minutes, secondes et tierces d'heures se désignent par les lettres supérieures ^{h}, ^{m}, ^{s}, ^{t}.

Angles positifs et négatifs. Considérons les différents états de grandeur par lesquels un angle peut passer autour d'un point O, à partir d'une droite fixe OX prise pour origine. Supposons l'un des côtés de l'angle sur la droite fixe, et faisons tourner l'autre côté OA à partir de OX vers la ligne OY perpendiculaire à OX, c'est-à-dire à la gauche d'un observateur qui serait placé au sommet O. Quand OA est sur OX l'angle est nul ; il croît ensuite de 0° à 90° jusqu'à OY, puis il devient obtus et il atteint 180° quand OA se confond avec OX′, pro-

(1) La division centésimale partage l'angle droit en 100 grades, le grade en 100 minutes, la minute en 100 secondes,... ce qui permet d'exprimer un angle quelconque par un nombre décimal. Par exemple, l'angle de 95 grades 17 minutes 62 secondes 84 tierces s'écrit $95^{gr}17'62''84'''$ ou $95^{gr},176284$.

longement de OX. Si l'on continue la rotation de la ligne OA, l'angle prend des valeurs comprises entre 180° et 270°, puis entre 270° et 360°, et après avoir atteint 360°, il dépasse cette valeur pour effectuer une nouvelle révolution. Les angles peuvent donc renfermer plusieurs fois 360°, et si a représente un angle XOA, $< 360°$, la position de la ligne OA, rapportée à la droite OX, sera donnée indistinctement par les angles a, $360° + a$, $2.360° + a$, $3.360° + a, \ldots$

Au lieu de faire tourner la ligne OA à gauche, vers OY, si on la fait mouvoir dans le sens opposé, vers OY′, prolongement de OY, l'angle passe successivement par les mêmes états de grandeur; seulement pour distinguer le sens actuel du précédent, on doit l'affecter d'un signe contraire. On donne, par exemple, le signe + aux angles qui tournent vers OY, et le signe — aux angles dirigés vers OY′; il importe, ensuite, de ne plus changer la convention qu'on a établie.

Dans la position OA, du second côté de l'angle, l'angle négatif XOA, est, en grandeur absolue, égal à $360° - a$; de sorte que sa valeur réelle est $-360° + a$. Si l'on fait faire à ce côté plusieurs révolutions entières dans le sens négatif, on retranche de l'angle autant de fois 360°; de sorte que la position de la ligne OA, par rapport à OX, est encore donnée par les angles $-360° + a$, $-2.360° + a$, $-3.360° + a, \ldots$

En rapprochant ce résultat de celui qu'on a trouvé plus haut, on voit que la position relative de OA, est généralement représentée par $n.360° + a$, n étant un nombre entier quelconque, positif ou négatif, qui peut être nul, et a étant le plus petit angle positif XOA, de la droite avec OX.

4. Mesures des arcs. Les arcs d'une même circonférence étant proportionnels aux angles au centre, on partage la circonférence en quatre quadrants renfermant chacun 90 parties égales, comme l'espace angulaire autour d'un point. On donne aussi à ces parties égales et à leurs subdivisions les noms de degrés, minutes, secondes : seulement il ne faut jamais perdre de vue la distinction qui existe entre ces quantités de différente nature, l'angle d'un degré et l'arc d'un degré par exemple, quoique le plus souvent on les confonde dans le langage ordinaire.

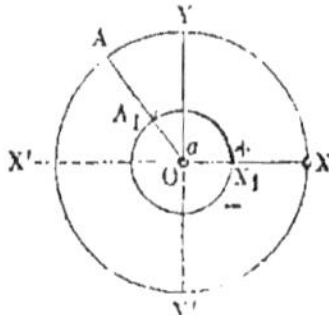

Arcs d'un rayon quelconque. Les arcs semblables sont proportionnels à leurs rayons; par conséquent, si a_r et a_1 représentent deux arcs semblables XA, X_1A_1, ayant pour rayons respectifs l'un r et l'autre l'unité de longueur, il viendra

$$\frac{a_r}{r} = \frac{a_1}{1} \quad \text{d'où} \quad a_r = a_1 . r.$$

Il suffit donc d'avoir les arcs d'une circonférence dont le rayon $= 1$, pour obtenir ensuite les arcs correspondants de toute autre circonférence, en multipliant les premiers par le rayon de cette circonférence.

Arcs dont le rayon $= 1$. Appelant π le rapport 3.14159265 de la circonférence au diamètre, on a, sur la circonférence dont le rayon est l'unité,

$$\text{arc } 180^\circ \ldots\ldots\ldots = \pi = 3.141\,592\,653\,589\ldots \qquad \log \pi = 0.497\,150$$

$$\text{arc } 1^\circ \ldots\ldots\ldots = \frac{\pi}{180} = 0.017\,453\,292\,519\ldots \qquad \log 1^\circ = 2.241\,877$$

$$\text{arc } 1' = \frac{\text{arc } 1^\circ}{60} = \frac{\pi}{10\,800} = 0.000\,290\,888\,208\ldots \qquad \log 1' = 4.463\,726$$

$$\text{arc } 1'' = \frac{\text{arc } 1'}{60} = \frac{\pi}{648000} = 0.000\,004\,848\,137\ldots \qquad \log 1'' = 6.685\,575$$

Cela posé, si a°, a', a'', désignent les valeurs d'un angle quelconque a exprimées en degrés, en minutes, en secondes, la longueur de l'arc correspondant sur la circonférence dont le rayon $= 1$, est

$$\text{arc } a = a^\circ \times \text{arc } 1^\circ = a' \times \text{arc } 1' = a'' \times \text{arc } 1''.$$

Il est d'usage d'écrire simplement

$$\text{arc } a = a \times \text{arc } 1^\circ = a \times \text{arc } 1' = a \times \text{arc } 1''.$$

Dans ce cas, on reconnaît par le facteur de l'angle a, si cet angle doit être exprimé en degrés, en minutes ou en secondes.

Arcs positifs et négatifs. Quand on considère divers arcs partant d'une origine commune X, prise sur un rayon fixe OX, les uns peuvent être dirigés à gauche, vers OY, et les autres dans le sens contraire vers OY' ; on indique ces directions opposées par les signes + et — comme pour les angles correspondants.

Les arcs, ainsi que les angles, peuvent renfermer plusieurs révolutions complètes autour du centre, dans le sens positif ou dans le sens négatif. Par conséquent, si A_1 est un point pris arbitrairement sur la circonférence dont le rayon $= 1$, si X_1 est l'origine et que arc a représente l'arc positif X_1A_1 moindre qu'une circonférence 2π, la position d'un point A_1 par rapport à l'origine X_1, sera donnée par tous les arcs compris dans la formule

$$n.2\pi + \text{arc } a \text{ qu'on écrit simplement } 2n\pi + a.$$

Sur toute autre circonférence, cette expression devra être multipliée par le rayon.

REMARQUE. Dans le langage usuel, on confond sans cesse les angles avec les arcs dont le rayon est l'unité. Ainsi un quadrant se désigne indifféremment par $90°$ ou $\frac{1}{2}\pi$, deux quadrants par $180°$ ou π, etc. Un angle et l'arc correspondant se représentent par la même lettre ; mais, dans la pratique, on ne saurait se tromper sur la nature des quantités dont on s'occupe.

5. Complément d'un angle ou d'un arc. On appelle *complément* d'un angle ou d'un arc, la différence qu'on obtient en retranchant cet angle ou cet arc d'un quadrant. On trouve ainsi que

le complément de a	est	$90° - a$ ou $\frac{1}{2}\pi - a$
de $45° + a$		$45° - a$
de $90° \pm (a + b)$		$\mp (a + b)$
de $\pi \pm a$		$-\frac{1}{2}\pi \mp a$.

6. Supplément d'un angle ou d'un arc. Le *supplément* d'un angle ou d'un arc est la différence qu'on obtient en retranchant cet angle ou cet arc de deux quadrants. D'après cela,

le supplément de $-a$	est	$180° + a$ ou $\pi + a$
de $90° \pm a$		$90° \mp a$
$(a - b) + \frac{1}{2}\pi$		$-(a-b) + \frac{1}{2}\pi = -a + b + \frac{1}{2}\pi$.

DÉFINITIONS DES LIGNES TRIGONOMÉTRIQUES.

7. Définitions. La résolution des triangles par le calcul, exige des relations entre les côtés et les angles. La difficulté d'établir des relations directes entre ces quantités, a fait substituer aux angles, ou aux arcs qui leur correspondent sur les cercles décrits à l'unité de distance des sommets, des droites dont la grandeur dépend de celle de ces angles ou de ces arcs. Nous allons définir ces lignes qu'on nomme *lignes trigonométriques* ou *fonctions circulaires*.

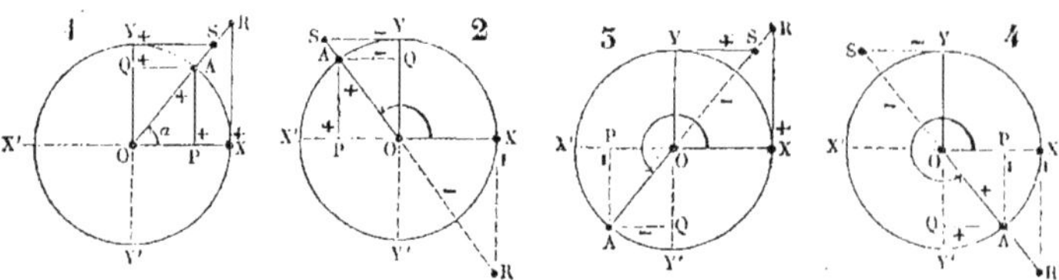

Concevons une circonférence XYX′Y′ décrite autour du centre O avec l'unité de ligne pour rayon ; supposons l'origine d'un arc en X et son extrémité au point A ; l'arc XA correspondra à l'angle au centre XOA que nous appellerons a, et les lignes trigonométriques de l'angle sont les mêmes que celles de l'arc. Cela posé :

Sinus. *Le sinus d'un arc XA est la perpendiculaire AP abaissée de son extrémité A sur le diamètre X′X qui passe par son origine.*

Tangente. *La tangente est la partie XR de la tangente géométrique menée à l'origine X, comprise entre cette origine, et le prolongement du rayon OA qui passe par l'extrémité de l'arc.*

Sécante. *La sécante est la partie OR du rayon prolongé passant par l'extrémité de l'arc, comprise entre le centre et la tangente géométrique de l'origine. C'est la distance du centre à l'extrémité de la tangente trigonométrique.*

Cosinus. Le cosinus d'un arc est le sin. du complément de cet arc.

Cotangente. La cotangente est la tang. du complément de l'arc.

Cosécante. La cosécante est la sécante du complément de l'arc.

Ainsi la différence entre XA et 90° étant YA, ce dernier arc est le complément de XA. Si l'on place l'origine de cet arc complémentaire en Y et son extrémité au point A, en prenant son sinus AQ, sa tangente YS et sa sécante OS, on aura le cosinus, la cotangente et la cosécante de l'arc XA (1).

Toutes les définitions que nous venons de donner sont indépendantes de la grandeur et du signe de l'arc. Dans les quatre figures ci-jointes, on a considéré successivement les divers quadrants où pouvait se trouver l'extrémité de l'arc. A chacune de ces positions, l'arc peut être pris, soit positivement, soit négativement, sans que les constructions changent.

---

(1) Outre ces six lignes trigonométriques, on en distingue quatre autres dont l'emploi est excessivement rare, ce sont : le *sinus-verse* ou la distance PX du pied du sinus à l'origine de l'arc, le *cosinus-verse* ou le sinus-verse QY de l'arc complémentaire YA, le susinus-verse ou la distance PX′ du pied du sinus au point 180° de l'arc, et enfin le sucosinus-verse = QY′.

REMARQUE I. La figure AQOP est un rectangle et donne AP = OQ, AQ = OP ; par suite : le sinus d'un arc est encore la distance du centre O au pied Q du cosinus, c'est-à-dire à la projection de l'extrémité de l'arc sur le diamètre YY′ perpendiculaire au diamètre X′X qui passe par l'origine ; le cosinus est la distance du centre O au pied P du sinus, c'est-à-dire à la projection de l'extrémité de l'arc sur le diamètre X′X de l'origine.

REMARQUE II. Si l'on prolongeait le sinus AP jusqu'à la rencontre du cercle, de l'autre côté de X′X, on aurait la corde d'un arc égal à deux fois XA, qui serait divisée au point P en deux parties égales. Donc le sinus d'un arc est égal à la moitié de la corde qui sous-tend un arc double.

8. Notations. Les lignes trigonométriques d'un arc a se représentent abréviativement comme il suit :

sin a, tang a ou tg a, séc a, cos a, cot a ou cotg a, coséc a.

Quand ces quantités sont élevées au carré, au cube,... à la $m^{\text{ième}}$ puissance, on met l'indice de la puissance en exposant entre le nom de la ligne trigonométrique et l'arc. Ainsi le cube de sin a s'écrit $\sin^3 a$; la $m^{\text{ième}}$ puissance de tang a s'écrit $\text{tang}^m\, a$.

9. Signes des lignes trigonométriques. Parmi les lignes trigonométriques, deux, le sinus et la tangente, sont perpendiculaires au diamètre X′X passant par l'origine, deux autres, le cosinus et la cotangente, sont perpendiculaires au diamètre YY′ formant avec le premier un angle droit, et enfin les deux dernières, la sécante et la cosécante, sont dirigées sur le diamètre qui passe par l'extrémité de l'arc, soit du côté de ce point, soit du côté opposé.

Afin de comparer ces lignes entre elles, nous conviendrons d'appliquer le signe + aux lignes perpendiculaires à X′X situées *au-dessus* de ce diamètre, ainsi qu'aux lignes perpendiculaires à Y′Y situées *à la droite* de ce diamètre, et enfin aux lignes qui, prises à partir du centre O sur le diamètre de l'extrémité de l'arc, sont dirigées *vers cette extrémité*.

Toutes les lignes situées dans un sens contraire aux précédentes, seront affectées du signe —.

D'après cela, si l'on considère les arcs $< 360°$, ce qui suffit toujours dans la pratique, parce qu'on peut, au besoin, ajouter ou retrancher une ou plusieurs circonférences, on dressera sans peine le tableau suivant au moyen des figures précédentes.

Quadrant.	ARC POSITIF compris entre	Sinus et Cosée.	Cosin. et Séc.	Tang. et Cotang.	ARC NÉGATIF compris entre	Quadrant.
1er	0° et 90°	+	+	+	—360° et —270°	1er
2e	90 ... 180	+	—	—	—270 ... —180	2e
3e	180 ... 270	—	—	+	—180 ... — 90	3e
4e	270 ... 360	—	+	—	— 90 ... 0	4e

(a).

10. Les lignes trigonométriques sont de simples rapports. Les lignes que nous venons de considérer doivent être évaluées *en nombres exprimant leur rapport au rayon*, pris pour unité. Ainsi le rayon que nous avons supposé égal à l'unité de longueur dans nos constructions, pourrait en réalité être quelconque; mais dans l'évaluation des lignes trigonométriques, ce rayon, quelle que soit sa valeur, est pris pour l'unité de mesure. Soit, par exemple, un cercle dont le rayon est de 10 mètres et un arc de ce cercle dont le cosinus contient 5mètres47 ; la valeur de ce cosinus serait 0.547. *L'usage a conservé à ces quantités le nom de lignes quoiqu'elles ne soient que de simples rapports, qui sont les mêmes pour un angle donné et pour tous les arcs décrits du sommet de l'angle et terminés à ses côtés, quels que soient les rayons de ces arcs,*

11. Mode de variation et limite des lignes trigonométriques. En faisant tourner l'extrémité A de l'arc sur le cercle, à partir de l'origine X, on peut suivre en même temps la marche des lignes trigonométriques et reconnaître comment elles varient, en passant par les valeurs extrêmes qu'elles peuvent atteindre.

Supposons, par exemple, que le point A se meuve dans le sens des arcs positifs, et voyons ce qui arrive dans chaque quadrant.

1er *Quadrant* (Fig. 1). Si le point A est en X, l'arc est nul, ainsi que son sinus et sa tangente; la sécante devient égale à $+ OX = + 1$ et il en est de même du cosinus; la cotangente et la cosécante sont infinies.

A mesure que le point A tourne ensuite vers Y, le sinus croît dans le sens positif de zéro jusqu'à $OY = + 1$; la tang XR augmente aussi progressivement de zéro vers l'infini; la séc OR croît de $+ 1$ à $+ \infty$; le cos AQ diminue de $+ 1$ à zéro ; la cot YS diminue également, en restant positive, de l'infini jusqu'à zéro, et la coséc OS de l'infini jusqu'à $+ OY = + 1$; on a donc

sin 0° = 0	sin 90° = + 1	
tang 0° = 0	tang 90° = + ∞	
séc 0° = + 1	séc 90° = + ∞	(*b*).
cos 0° = + 1	cos 90° = 0	
cot 0° = + ∞	cot 90° = 0	
coséc 0° = + ∞	coséc 90° = + 1	

2° *Quadrant* (Fig. 2). De Y en X′ le sin AP d'abord égal à + 1, diminue, tout en conservant le signe +, jusqu'à devenir nul en X′; la tang XR, d'abord infiniment grande dans le sens négatif, diminue négativement et devient aussi nulle en X′; la séc OR, également négative, décroît négativement depuis — ∞ jusqu'à — OX = — 1 ; le cos AQ croît négativement de zéro à OX′ = — 1; la cot YS passe par toutes les grandeurs négatives de zéro à — ∞ , et enfin la coséc OS d'abord égale à + 1, devient + ∞ au point X′; on a donc

sin 90° = + 1	sin 180° = 0	
tang 90° = — ∞	tang 180° = 0	
séc 90° = — ∞	séc 180° = — 1	(*c*).
cos 90° = 0	cos 180° = — 1	
cot 90° = 0	cot 180° = — ∞	
coséc 90° = + 1	coséc 180° = + ∞	

3° *Quadrant* (Fig. 3). De X′ en Y′ le sin AP devient négatif et il varie de zéro à — 1 ; la tang XR croît positivement de zéro à + ∞ , et la séc OR négativement de — 1 à — ∞ ; le cos AQ varie de — 1 à zéro ; la cot YS de + ∞ à zéro et la coséc OS décroît depuis — ∞ à — OY = — 1 ; ainsi il vient

sin 180° = 0	sin 270° = — 1	
tang 180° = 0	tang 270° = + ∞	
séc 180° = — 1	séc 270° = — ∞	(*d*).
cos 180° = — 1	cos 270° = 0	
cot 180° = + ∞	cot 270° = 0	
coséc 180° = — ∞	coséc 270° = — 1	

4° *Quadrant* (Fig. 4). De Y′ en X , le sin AP décroît négativement de — 1 à zéro, et la tang XR de — ∞ à zéro ; la séc OR diminue de + ∞ à + 1 ; le cos AQ varie de zéro à + 1 ; la cot YS croît négativement de zéro à — ∞ et la coséc OS de — 1 à — ∞ ; il vient par suite

sin 270° = — 1	sin 360° = 0	
tang 270° = — ∞	tang 360° = 0	
séc 270° = + ∞	séc 360° = + 1	(*e*).
cos 270° = 0	cos 360° = + 1	
cot 270° = 0	cot 360° = — ∞	
coséc 270° = — 1	coséc 360° = — ∞	

Le tableau suivant réunit les valeurs que prennent les lignes trigonométriques quand l'arc atteint les divers quadrants.

Arc.	Sinus.	Cosin.	Tang.	Cotang.	Sécan[te]	Coséc.
0° ou 360°	0	+ 1	0	$\pm\infty$	+ 1	$\pm\infty$
90°	+ 1	0	$\pm\infty$	0	$\pm\infty$	+ 1
180	0	— 1	0	$\mp\infty$	— 1	$\pm\infty$
270	— 1	0	$\pm\infty$	0	$\mp\infty$	— 1

(*f*).

En résumé, on voit que les sinus et les cosinus passent par tous les états de grandeur compris entre + 1 et — 1 ;

Que les tangentes et les cotangentes prennent toutes les valeurs possibles depuis $+\infty$ jusqu'à $-\infty$;

Enfin, que les sécantes et les cosécantes varient de + 1 à $+\infty$ et de — 1 à $-\infty$.

Par suite, un nombre quelconque étant donné,

S'il est compris entre + 1 et — 1, on pourra le représenter par un sinus, un cosinus, une tangente ou une cotangente ;

S'il est compris entre + 1 et $+\infty$ ou entre — 1 et $-\infty$, on pourra le représenter par une tangente, une cotangente, une sécante ou une cosécante.

12. Lignes trigonométriques de deux angles égaux et de signes contraires. Considérons deux angles quelconques égaux et de signes contraires, par exemple, les angles XOA $= a$ et XOA' $= -a$. En comparant les mêmes lignes trigonométriques de part et d'autre, on reconnaît qu'elles appartiennent à des triangles rectangles égaux deux à deux, comme ayant les angles égaux et un côté égal, savoir le rayon du cercle. On obtient ainsi, en tenant compte des signes des lignes, qu'on a eu soin de ponctuer quand elles sont négatives,

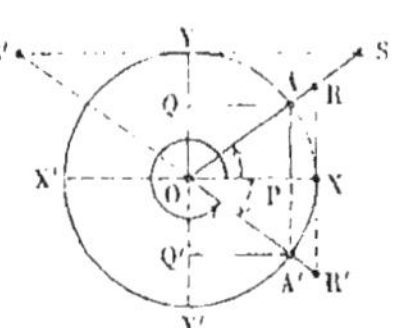

$$\text{A'P} = -\text{AP} \qquad \text{A'Q'} = \text{AQ}$$
$$\text{XR'} = -\text{XR} \qquad \text{YS'} = -\text{YS}$$
$$\text{OR'} = \text{OR} \qquad \text{OS'} = -\text{OS}$$

c'est-à-dire

$$\sin(-a) = -\sin a \qquad \cos(-a) = \cos a$$
$$\text{tang}(-a) = -\text{tang}\, a \qquad \cot(-a) = -\cot a \qquad (g).$$
$$\text{séc}(-a) = \text{séc}\, a \qquad \text{coséc}(-a) = -\text{coséc}\, a$$

Les lignes trigonométriques sont donc égales et de signes contraires, sauf les cosinus et les sécantes qui conservent les mêmes signes.

13. Lignes trigonométriques de deux angles complémentaires. D'après la définition même du cosinus, de la cotangente et de la cosécante, il vient

$$\begin{array}{ll} \sin(90^\circ - a) = \cos a & \cos(90^\circ - a) = \sin a \\ \text{tang}(90^\circ - a) = \cot a & \cot(90^\circ - a) = \text{tang}\, a \\ \text{séc}(90^\circ - a) = \text{coséc}\, a & \text{coséc}(90^\circ - a) = \text{séc}\, a \end{array} \quad (h).$$

14. Lignes trigonométriques de deux angles supplémentaires. Soient

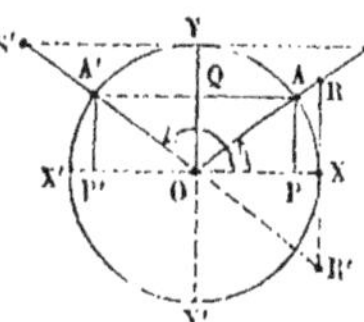

les deux angles supplémentaires XOA $= a$, XOA' $= 180^\circ - a$; la comparaison de leurs lignes trigonométriques montre qu'elles sont égales, comme côtés correspondants de triangles égaux; on a, en ayant égard aux signes,

$$\begin{array}{ll} A'P' = AP & A'Q = -AQ \\ XR' = -XR & YS' = -YS \\ OR' = -OR & OS' = OS \end{array}$$

c'est-à-dire

$$\begin{array}{ll} \sin(180^\circ - a) = \sin a & \cos(180^\circ - a) = -\cos a \\ \text{tang}(180^\circ - a) = -\text{tang}\, a & \cot(180^\circ - a) = -\cot a \\ \text{séc}(180^\circ - a) = -\text{séc}\, a & \text{coséc}(180^\circ - a) = \text{coséc}\, a \end{array} \quad (i).$$

Ainsi, les lignes trigonométriques sont égales et de signes contraires, sauf les sinus et les cosécantes qui gardent les mêmes signes.

16. Lignes trigonométriques de deux angles dont la somme égale 270°.

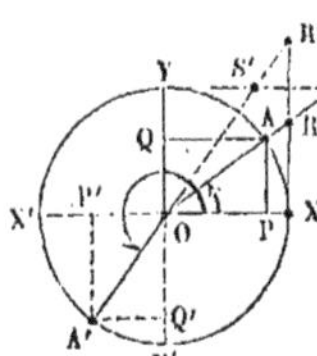

Prenons les deux angles XOA $= a$, XOA' $= 270^\circ - a$; alors l'angle Y'OA' = XOA. Les triangles respectifs, sans cesser d'être égaux, ont ici les angles en O complémentaires les uns des autres; de sorte que ce ne sont plus les mêmes lignes trigonométriques qui se correspondent comme côtés égaux, mais celles des angles complémentaires. On trouve

$$\begin{array}{ll} A'P' = -AQ & A'Q' = -AP \\ XR' = YS & YS' = XR \\ OR' = -OS & OS' = -OR \end{array}$$

c'est-à-dire

$$\begin{array}{ll} \sin(270^\circ - a) = -\cos a & \cos(270^\circ - a) = -\sin a \\ \text{tang}(270^\circ - a) = \cot a & \cot(270^\circ - a) = \text{tg}\, a \\ \text{séc}(270^\circ - a) = -\text{coséc}\, a & \text{coséc}(270^\circ - a) = -\text{séc}\, a \end{array} \quad (k).$$

16. Lignes trigonométriques de deux angles dont la somme égale 360°. En considérant dans la figure du N° **12** l'angle XOA $= a$ et l'angle positif XOA' $= 360° - a$, on obtient

$$\begin{array}{llr} \sin(360° - a) = -\sin a & \cos(360° - a) = \cos a & \\ \text{tang}(360° - a) = -\text{tang}\, a & \cot(360° - a) = -\cot a & (l). \\ \text{séc}(360° - a) = \text{séc}\, a & \text{coséc}(360° - a) = -\text{coséc}\, a & \end{array}$$

Ce tableau n'est, au fond, que le tableau (g), dans lequel on ajoute 360° ou une circonférence à l'angle $-a$, ce qui ne change rien aux lignes trigonométriques.

17. Réduction des arcs au premier quadrant. Réduire un arc au premier quadrant, c'est trouver l'arc positif moindre que 90°, dont les lignes trigonométriques sont les mêmes que celles de l'arc proposé, abstraction faite des signes. Pour opérer cette réduction, on supprime d'abord toutes les circonférences entières comprises dans l'arc, ce qui ne modifie en rien les lignes trigonométriques; puis, si l'arc est négatif, on change son signe (N° **12**) et il ne reste plus qu'un arc positif moindre que 360°. On prend enfin la différence de cet arc avec 180°, s'il est compris entre 90° et 270°, et avec 360°, s'il dépasse 270°, et l'on obtient l'arc cherché.

Si l'on voulait avoir les signes des lignes trigonométriques, il suffirait, après avoir supprimé toutes les circonférences entières, de consulter le tableau (a), en y ajoutant, d'après le N° **12**, cette règle pour les arcs négatifs, que leurs lignes trigonométriques ont des signes contraires, à l'exception du cosinus et de la sécante.

18. Trouver les arcs qui correspondent à une ligne trigonométrique donnée. Dans chaque quadrant, les lignes trigonométriques passent par tous les états de grandeur absolue qu'elles sont susceptibles d'avoir. Par suite, une ligne trigonométrique étant donnée, il y a toujours un arc positif moindre que 90° qui lui correspond, abstraction faite de son signe. Cet arc une fois obtenu, le signe de la ligne trigonométrique fait reconnaître, par le tableau (a), dans quel quadrant se trouve l'arc demandé et on le conclut sans peine de l'arc $< 90°$.

On remarquera qu'il y a toujours deux quadrants où une ligne trigonométrique a le même signe; il y a donc indétermination à moins que, par la nature du problème, on sache celle des deux valeurs qu'on doit prendre. Par exemple, si l'arc doit être moindre que 180°, et s'il est déterminé par un cosinus, ou une tangente, le signe indique immédiatement s'il est dans le 1er ou dans le 2e quadrant ; mais s'il était déterminé par un sinus, on aurait deux valeurs l'une $< 90°$ et l'autre $> 90°$.

Quelle que soit la grandeur de l'arc, entre 0° et 360°, on sait à quel quadrant il appartient lorsqu'il est donné, à la fois, par deux lignes trigonométriques placées dans deux colonnes différentes du tableau (*a*), telles que le sinus et le cosinus ; il appartiendra, par exemple, au 4e quadrant, si son sinus est négatif et son cosinus positif.

RELATIONS ENTRE LES LIGNES TRIGONOMÉTRIQUES D'UN MÊME ANGLE.

19. Formules fondamentales. Soit un angle $XOA = a$, terminé par exemple dans le 3e quadrant (Fig 3) ; il s'agit d'établir des relations entre ses lignes trigonométriques. Dans le triangle OAP, on a $\overline{AP}^2 + \overline{OP}^2 = \overline{OA}^2$, c'est-à-dire, en ayant soin d'indiquer les signes des lignes, $(-\sin a)^2 + (-\cos a)^2 = 1$, ou bien

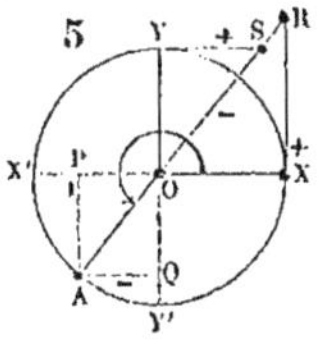

$$\sin^2 a + \cos^2 a = 1 \qquad (1)$$

Les triangles semblables ORX, OAP donnent

$$\frac{XR}{OX} = \frac{AP}{OP} \quad \text{et} \quad \frac{OR}{OX} = \frac{OA}{OP} \quad \text{c'est-à-dire,}$$

$$\frac{+\operatorname{tang} a}{1} = \frac{-\sin a}{-\cos a} \quad \text{et} \quad \frac{-\operatorname{séc} a}{1} = \frac{1}{-\cos a}, \quad \text{ou bien}$$

$$\operatorname{tang} a = \frac{\sin a}{\cos a} \qquad (2)$$

$$\operatorname{séc} a = \frac{1}{\cos a} \qquad (3)$$

On tire enfin des triangles semblables OSY, OAQ

$$\frac{SY}{OY} = \frac{AQ}{OQ} \quad \text{et} \quad \frac{OS}{OY} = \frac{OA}{OQ}, \quad \text{c'est-à-dire,}$$

$$\frac{+\cot a}{1} = \frac{-\cos a}{-\sin a} \quad \text{et} \quad \frac{-\operatorname{coséc} a}{1} = \frac{1}{-\sin a}, \quad \text{ou bien}$$

$$\cot a = \frac{\cos a}{\sin a} \qquad (4)$$

$$\operatorname{coséc} a = \frac{1}{\sin a} \qquad (5)$$

La démonstration des cinq relations qui précèdent est la même dans tous les quadrants, soit qu'on prenne l'arc qui mesure l'angle dans le sens positif ou dans le sens négatif. De plus, au moyen du tableau (*f*), elles se vérifient immédiatement pour les cas particuliers où l'arc se termine aux points X, Y, X′ ou Y′; elles donnent, par exemple, en X′, les identités

$$0+(-1)^2=1,\ 0=\frac{0}{-1},\ -1=\frac{1}{-1},\ \mp\infty=\frac{-1}{\pm 0},\ \pm\infty=\frac{1}{\pm 0}.$$

Ces formules sont donc générales, et il en est de même de celles qui s'en déduisent.

En multipliant les relations (2) et (4) l'une par l'autre, on obtient

$$\text{tang } a \cot a = 1 \tag{6}$$

La comparaison des triangles semblables ORX, OSY conduirait à la même formule.

20. Expression du sinus et du cosinus en fonction de la tangente. Prenant les deux relations (1) et (2)

$$\sin^2 a + \cos^2 a = 1 \quad \text{et tang } a = \frac{\sin a}{\cos a}.$$

On regarde les quantités sin a et cos a comme deux inconnues dont on cherche les valeurs. Pour éliminer d'abord cos a, on tire de la 2e équation

$$\cos a = \frac{\sin a}{\text{tang } a}.$$

Cette expression substituée dans la 1re équation donne

$$\sin^2 a + \frac{\sin^2 a}{\text{tang}^2 a} = 1, \quad \text{d'où l'on tire}$$

$$\sin^2 a \,\text{tang}^2 a + \sin^2 a = \text{tang}^2 a$$

$$\sin^2 a\,(1 + \text{tang}^2 a) = \text{tang}^2 a \quad \text{et enfin}$$

$$\sin^2 a = \frac{\text{tang}^2 a}{1 + \text{tang}^2 a} \tag{7}$$

On a ensuite, d'après la 1re relation,

$$\cos^2 a = 1 - \sin^2 a \text{ ou} = 1 - \frac{\text{tang}^2 a}{1 + \text{tang}^2 a}$$

$$= \frac{1 + \text{tang}^2 a - \text{tang}^2 a}{1 + \text{tang}^2 a}; \quad \text{donc}$$

$$\cos^2 a = \frac{1}{1 + \text{tang}^2 a} \tag{8}$$

21. Valeurs particulières de quelques lignes trigonométriques.

1° $\sin 30° = \cos 60° = \frac{1}{2}$. Le sinus de 30° est égal à la moitié de la corde qui sous-tend l'arc double de 60°. Or, cette corde est le côté de l'hexagone régulier inscrit au cercle, qui est égal au rayon ; on a donc : $\sin 30° = \frac{1}{2}$, et il en est de même du cos. de l'arc complémentaire ou de 60°.

2° $\sin 45° = \cos 45° = \frac{\sqrt{2}}{2}$. Le sin de 45° est la moitié de la corde de 90° ou du côté du carré inscrit. Or, la valeur de ce côté est $r\sqrt{2}$, r étant le rayon du cercle ; par suite, en faisant $r = 1$, on aura : $\sin 45° = \cos 45° = \frac{\sqrt{2}}{2}$.

3° $\text{Tang } 45° = \cot 45° = 1$. D'après la formule (2), il vient $\text{tang } 45° = \frac{\sin 45°}{\cos 45°}$; par suite, $\text{tang } 45° = \cot 45° = 1$.

4° $\text{Séc } 60° = \text{coséc } 30° = 2$. La formule (3) donne $\text{séc } 60° = \frac{1}{\cos 60°} = \frac{1}{\frac{1}{2}} = 2$, et c'est aussi la valeur de la coséc. de l'arc complémentaire ou de 30°.

FORMULES RELATIVES A LA SOMME ET A LA DIFFÉRENCE DE DEUX ANGLES, A LA MULTIPLICATION ET A LA DIVISION DES ANGLES.

22. Connaissant les sinus et les cosinus de deux angles a et b, trouver le sinus et le cosinus de la somme $a + b$ ou de la différence $a - b$ de ces angles.

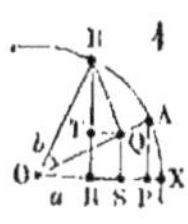

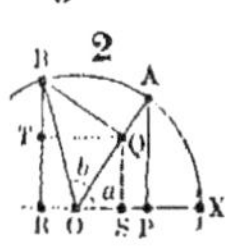

Soient les deux angles $XOA = a$ et $AOB = b$, tous deux moindres que 90° ; leur somme $BOX = a + b$ peut être comprise entre 0° et 90° (*fig.* 1), ou entre 90° et 180° (*fig.* 2).

Avec le rayon = 1 décrivons une circonférence du sommet commun O. Traçons $AP = \sin a$, $BQ = \sin b$, $BR = \sin(a + b)$; on a en même temps $OP = \cos a$, $OQ = \cos b$, $OR = \cos(a + b)$; menons enfin les droites QS et QT, l'une perpendiculaire et l'autre parallèle à OX. Il vient

Fig. 1 et 2 $\begin{cases} \sin XOB = BR = TR + BT & \text{c'est-à-dire} \\ \sin(a+b) = QS + BT \end{cases}$

Puis $\left\{\begin{array}{ll} \textit{Fig. } 1 & \cos XOB = \ OR = \ OS - RS \\ \textit{Fig. } 2 & \cos XOB = -OR = -(RS - OS) \end{array}\right\}$ c'est-à-dire

Fig. 1 et 2 $\qquad \cos(a+b) = OS - TQ$

Le triangle AOP est semblable au triangle QOS, ainsi qu'au triangle BQT dont les côtés sont perpendiculaires aux siens. En le comparant successivement à chacun de ces deux triangles, on obtient

$$\frac{OQ}{OA} = \frac{QS}{AP} = \frac{OS}{OP}, \quad \text{ou bien} \quad \frac{\cos b}{1} = \frac{QS}{\sin a} = \frac{OS}{\cos a}$$

$$\text{et} \quad \frac{BQ}{OA} = \frac{BT}{OP} = \frac{TQ}{AP}, \quad \text{ou bien} \quad \frac{\sin b}{1} = \frac{BT}{\cos a} = \frac{TQ}{\sin a}$$

on tire de là $\qquad QS = \sin a \cos b, \qquad OS = \cos a \cos b$

et $\qquad BT = \cos a \sin b, \qquad TQ = \sin a \sin b$

La substitution de ces valeurs dans les équations posées plus haut, donne

$$\sin(a+b) = \sin a \cos b + \cos a \sin b \qquad (9)$$

$$\cos(a+b) = \cos a \sin b - \sin a \cos b \qquad (10)$$

Si la somme $a+b$ était égale à 90°, les angles a et b seraient complémentaires; les formules existeraient encore, car elles donneraient les identités

$\sin 90° = \sin a \cos(90° - a) + \cos a \sin(90° - a) = \sin^2 a + \cos^2 a = 1$ d'après (1)
$\cos 90° = \cos a \cos(90° - a) - \sin a \sin(90° - a) = \cos a \sin a - \sin a \cos a = 0.$

On a supposé les angles a et b positifs et moindres que 90°. Pour généraliser les formules obtenues, nous démontrerons qu'elles ne changent pas, quand on augmente ou qu'on diminue l'un des arcs de 90°.

Augmentons, par exemple, le premier angle a de 90°; ou, ce qui reviendra au même, posons $a = 90° + a'$, d'où $a' = a - 90°$, en admettant que l'angle a' rentre dans les conditions ci-dessus; on a successivement :

$\sin(a+b) = \sin[90° + a' + b] = \sin[90° - (a'+b)] = \cos(a'+b)$ ou d'après (10)
$= \cos a' \cos b - \sin a' \sin b = \cos(a - 90°) \cos b - \sin(a - 90°) \sin b$
$= \cos(90° - a) \cos b + \sin(90° - a) \sin b = \sin a \cos b + \cos a \sin b$
$\cos(a+b) = \cos[90° + a' + b] = -\cos[90° - (a'+b)] = -\sin(a'+b)$ ou d'après (9)
$= -\sin a' \cos b - \cos a' \sin b = -\sin(a - 90°) \cos b - \cos(a - 90°) \sin b$
$= \sin(90° - a) \cos b - \cos(90° - a) \sin b = \cos a \cos b - \sin a \sin b$

Diminuons, en second lieu, b par exemple de 90°; ou posons $b = b' - 90°$, d'où $b' = 90° + b$, l'angle b' rentrant alors dans les conditions antérieures; il vient

$\sin(a+b) = \sin[a + b' - 90°] = -\sin[90° - (a+b')] = -\cos(a+b')$ ou d'après (10)
$= -\cos a \cos b' + \sin a \sin b' = -\cos a \cos(90° + b) + \sin a \sin(90° + b)$
$= \cos a \cos(90° - b) + \sin a \sin(90° - b) = \cos a \sin b + \sin a \cos b$
$\cos(a+b) = \cos[a + b' - 90°] = \cos[90° - (a+b')] = \sin(a+b')$ ou d'après (9)
$= \sin a \cos b' + \cos a \sin b' = \sin a \cos(90° + b) + \cos a \sin(90° + b)$
$= -\sin a \cos(90° - b) + \cos a \sin(90° - b) = -\sin a \sin b + \cos a \cos b$

Ainsi, les formules sont restées les mêmes. Or, la démonstration subsiste, lorsqu'on augmente ou qu'on diminue *successivement* et séparément chacun des angles a et b de 1, 2, 3,... fois 90°; les relations (9) et (10) sont donc générales, puisque les angles a et b varient de cette manière entre toutes les limites possibles, positives ou négatives.

Faisons b négatif; on obtient, en remarquant que $\sin(-b) = -\sin b$ et $\cos(-b) = \cos b$.

$$\sin(a-b) = \sin a \cos b - \cos a \sin b \qquad (11)$$

$$\cos(a-b) = \cos a \cos b + \sin a \sin b \qquad (12)$$

23. Connaissant les tangentes de deux angles a et b, trouver la tangente de la somme ou de la différence de ces deux angles.

D'après les formules (2), (9) et (10), on a

$$\operatorname{tang}(a+b) = \frac{\sin(a+b)}{\cos(a+b)} = \frac{\sin a \cos b + \cos a \sin b}{\cos a \cos b - \sin a \sin b}.$$

Si l'on divise les deux termes de l'expression fractionnaire par $\cos a \cos b$, on obtient

$$\operatorname{tang}(a+b) = \frac{\dfrac{\sin a \cos b}{\cos a \cos b} + \dfrac{\cos a \sin b}{\cos a \cos b}}{\dfrac{\cos a \cos b}{\cos a \cos b} - \dfrac{\sin a \sin b}{\cos a \cos b}}$$

ou bien en simplifiant

$$\operatorname{tang}(a+b) = \frac{\operatorname{tang} a + \operatorname{tang} b}{1 - \operatorname{tang} a \operatorname{tang} b} \qquad (13)$$

On trouve de même

$$\operatorname{tang}(a-b) = \frac{\operatorname{tang} a - \operatorname{tang} b}{1 + \operatorname{tang} a \operatorname{tang} b} \qquad (14)$$

Cette formule peut se déduire de la précédente, en y changeant b en $-b$.

24. Expression de $\sin 2a$, $\cos 2a$, et $\operatorname{tang} 2a$.

Faisant $b = a$ dans les formules (9), (10) et (13), on a

$$\sin 2a = 2 \sin a \cos a \qquad (15)$$

$$\cos 2a = \cos^2 a - \sin^2 a \qquad (16)$$

$$\operatorname{tang} 2a = \frac{2 \operatorname{tang} a}{1 - \operatorname{tang}^2 a} \qquad (17)$$

25. Connaissant $\cos a$, trouver $\sin \frac{1}{2}a$, $\cos \frac{1}{2}a$ et $\operatorname{tang} \frac{1}{2}a$.

Si l'on remplace a par $\frac{1}{2}a$ dans les formules (1) et (16), elles deviennent

$$\sin^2 \tfrac{1}{2}a + \cos^2 \tfrac{1}{2}a = 1$$

$$\cos^2 \tfrac{1}{2}a - \sin^2 \tfrac{1}{2}a = \cos a$$

On a deux équations où les deux inconnues sont $\sin\frac{1}{2}a$ et $\cos\frac{1}{2}a$. On élimine $\cos\frac{1}{2}a$ en retranchant la deuxième équation de la première, ce qui donne $\sin\frac{1}{2}a$; puis on élimine $\sin\frac{1}{2}a$ en ajoutant les deux équations entre elles, ce qui donne $\cos\frac{1}{2}a$. Il vient ainsi :

$$2\sin^2\tfrac{1}{2}a = 1 - \cos a,\ \text{d'où}\ \sin^2\tfrac{1}{2}a = \frac{1-\cos a}{2} \qquad (18)$$

$$2\cos^2\tfrac{1}{2}a = 1 + \cos a,\ \text{d'où}\ \cos^2\tfrac{1}{2}a = \frac{1+\cos a}{2} \qquad (19)$$

Si l'on divise ces deux équations l'une par l'autre, on obtient

$$\operatorname{tang}^2\tfrac{1}{2}a = \frac{1-\cos a}{1+\cos a} \qquad (20)$$

Les racines carrées de ces équations fournissent les valeurs demandées.

MOYEN DE RENDRE LOGARITHMIQUES DIVERSES EXPRESSIONS TRIGONOMÉTRIQUES.

26. 1° La somme ou la différence de deux sinus. On se propose de transformer en un produit équivalent, la somme $\sin a + \sin b$ ou la différence $\sin a - \sin b$ des sinus de deux angles a et b.

Représentons par p la demi-somme des angles et par q leur demi-différence, nous aurons

$$\left.\begin{array}{l}\frac{1}{2}(a+b)=p\\ \frac{1}{2}(a-b)=q\end{array}\right\}\ \text{d'où}\ \left\{\begin{array}{ll}\text{par addition......} & a=p+q\\ \text{par soustraction...} & b=p-q\end{array}\right.$$

Par suite, il viendra, d'après les formules (9) et (11),

$$\sin a = \sin(p+q) = \sin p\cos q + \cos p\sin q$$
$$\sin b = \sin(p-q) = \sin p\cos q - \cos p\sin q$$

Faisant successivement la somme ou la différence des deux équations, on obtient

$$\sin a + \sin b = 2\sin p\cos q$$
$$\sin a - \sin b = 2\cos p\sin q$$

ou remplaçant p par $\frac{1}{2}(a+b)$ et q par $\frac{1}{2}(a-b)$,

$$\sin a + \sin b = 2\sin\tfrac{1}{2}(a+b)\cos\tfrac{1}{2}(a-b) \qquad (21)$$
$$\sin a - \sin b = 2\cos\tfrac{1}{2}(a+b)\sin\tfrac{1}{2}(a-b) \qquad (22)$$

27. 2° La somme ou la différence de deux cosinus. Il vient de même, d'après les formules (10) et (12),

$$\cos a = \cos(p+q) = \cos p\cos q - \sin p\sin q$$
$$\cos b = \cos(p-q) = \cos p\cos q + \sin p\sin q$$

d'où par addition.... $\cos a + \cos b = 2 \cos p \cos q$
et par soustraction... $\cos a - \cos b = -2 \sin p \sin q$ c'est-à-dire

$$\cos a + \cos b = 2 \cos \tfrac{1}{2}(a+b) \cos \tfrac{1}{2}(a-b) \qquad (23)$$

$$\cos a - \cos b = -2 \sin \tfrac{1}{2}(a+b) \sin \tfrac{1}{2}(a-b) \qquad (24)$$

28. 3° **La somme ou la différence de deux tangentes.** On a, d'après la relation (2),

$$\operatorname{tang} a \pm \operatorname{tang} b = \frac{\sin a}{\cos a} \pm \frac{\sin b}{\cos b}$$

$$= \frac{\sin a \cos b \pm \cos a \sin b}{\cos a \cos b}$$

c'est-à-dire, d'après les formules (9) et (11),

$$\operatorname{tang} a + \operatorname{tang} b = \frac{\sin (a+b)}{\cos a \cos b} \qquad (25)$$

$$\operatorname{tang} a - \operatorname{tang} b = \frac{\sin (a-b)}{\cos a \cos b} \qquad (26)$$

29. 4° **La somme ou la différence de deux cotangentes.** Il vient pareillement, d'après la relation (4),

$$\cot a \pm \cot b = \frac{\cos a}{\sin a} \pm \frac{\cos b}{\sin b}$$

$$= \frac{\cos a \sin b \pm \sin a \cos b}{\sin a \sin b}$$

ou d'après (9) et (11)

$$\cot a + \cot b = \frac{\sin (a+b)}{\sin a \sin b} \qquad (27)$$

$$\cot a - \cot b = \frac{-\sin (a-b)}{\sin a \sin b} \qquad (28)$$

30. 5° **Le rapport de la somme à la différence de deux sinus ou de deux cosinus.** Si l'on divise les relations (21) et (22) l'une par l'autre, on obtient

$$\frac{\sin a + \sin b}{\sin a - \sin b} = \frac{\sin \frac{1}{2}(a+b)}{\cos \frac{1}{2}(a+b)} \times \frac{\cos \frac{1}{2}(a-b)}{\sin \frac{1}{2}(a-b)}$$

$$= \frac{\sin \frac{1}{2}(a+b)}{\cos \frac{1}{2}(a+b)} : \frac{\sin \frac{1}{2}(a-b)}{\cos \frac{1}{2}(a-b)}$$

$$= \operatorname{tg} \tfrac{1}{2}(a+b) : \operatorname{tg} \tfrac{1}{2}(a-b)$$

c'est-à-dire

$$\frac{\sin a + \sin b}{\sin a - \sin b} = \frac{\operatorname{tg} \frac{1}{2}(a+b)}{\operatorname{tg} \frac{1}{2}(a-b)} \qquad (29)$$

En divisant (23) par (24), on aura

$$\frac{\cos a + \cos b}{\cos a - \cos b} = -\cot \tfrac{1}{2}(a+b) \cot \tfrac{1}{2}(a-b) \qquad (30)$$

31. 6° Le rapport de la somme à la différence de deux tangentes ou de deux cotangentes. La division des relations (25) et (26) donne

$$\frac{\operatorname{tg} a + \operatorname{tg} b}{\operatorname{tg} a - \operatorname{tg} b} = \frac{\sin (a+b)}{\sin (a-b)} \qquad (31)$$

et celle des relations (27) et (28)

$$\frac{\cot a + \cot b}{\cot a - \cot b} = -\frac{\sin (a+b)}{\sin (a-b)} \qquad (32)$$

32. 7° Un binome de la forme $A \pm B$, A et B étant des quantités positives.

1er *Procédé.* 1° Si les quantités A et B sont moindres que l'unité, on peut prendre deux angles auxiliaires M et N tels qu'on ait

$\sin M = A$, $\sin N = B$ et il vient $A \pm B = \sin M \pm \sin N$
ou $\cos M = A$, $\cos N = B$ et il vient $A \pm B = \cos M \pm \cos N$

2° Si A et B sont quelconques, on pose

$\operatorname{tg} M = A$, $\operatorname{tg} N = B$ et l'on a $A \pm B = \operatorname{tg} M \pm \operatorname{tg} N$
ou $\cot M = A$, $\cot N = B$ et l'on a $A \pm B = \cot M \pm \cot N$

On ramène ainsi le binome $A \pm B$ à l'une des formes (21), (22),... (27) ou (28).

Remarque. Il peut se faire que déjà l'une des quantités A ou B soit une des lignes trigonométriques précédentes ; dans ce cas, il suffit évidemment d'égaler l'autre quantité à une ligne de même nature, quand c'est possible.

2e *Procédé.* Si l'on met A en facteur commun, on obtient

$$A \pm B = A\left(1 \pm \frac{B}{A}\right)$$

1° Si B est $< A$, l'expression fractionnaire est moindre que l'unité et on peut la considérer comme le cosinus d'un angle positif M moindre que 90° ; posant donc

$$\cos M = \frac{B}{A}, \text{ on a } \begin{cases} A + B = A(1 + \cos M) = 2A \cos^2 \tfrac{1}{2} M \\ A - B = A(1 - \cos M) = 2A \sin^2 \tfrac{1}{2} M \end{cases} \qquad (33)$$

le binome $A - B$ est encore susceptible d'une autre transformation ; on pose

$$\cos^2 M = \frac{B}{A} \text{ et il vient } A-B=A\,(1-\cos^2 M)=A\sin^2 M$$
$$\text{ou}\quad \sin^2 M = \frac{B}{A} \text{ et il vient } A-B=A\,(1-\sin^2 M)=A\cos^2 M \qquad (34).$$

2° Si A et B sont quelconques, on détermine un arc auxiliaire M tel que

$$\operatorname{tang}^2 M = \frac{B}{A}$$

et l'on a

$$A+B=A\,(1+\operatorname{tang}^2 M)=A\left(1+\frac{\sin^2 M}{\cos^2 M}\right)=A\,\frac{\cos^2 M+\sin^2 M}{\cos^2 M}$$

$$A-B=A\,(1-\operatorname{tang}^2 M)=A\left(1-\frac{\sin^2 M}{\cos^2 M}\right)=A\,\frac{\cos^2 M-\sin^2 M}{\cos^2 M}$$

c'est-à-dire, d'après les relations (1) et (16),

$$\operatorname{tang}^2 M = \frac{B}{A},\left\{\begin{aligned} A+B &= \frac{A}{\cos^2 M} \\ A-B &= \frac{A\cos 2M}{\cos^2 M}\end{aligned}\right. \qquad (35).$$

33. Un binome de la forme $A\sin a \pm B\cos a$. On met un des coefficients A ou B en facteur commun, par exemple A, et l'on a

$$A\sin a \pm B\cos a = A\left(\sin a \pm \frac{B}{A}\cos a\right)$$

Soit M un angle auxiliaire donné par la relation

$$\operatorname{Tang} M = \frac{B}{A}.$$

La tangente de M peut avoir ici une valeur quelconque, positive ou négative; nous prendrons l'angle M de 0° à 90° quand elle sera positive, et dans le cas contraire, de 90° à 180°, ou bien encore de 0° à — 90°.

Substituant cette expression dans l'équation précédente et remplaçant tang M par sa valeur (2), on obtient

$$\begin{aligned} A\sin a \pm B\cos a &= A\,(\sin a \pm \operatorname{tang} M\cos a) \\ &= A\left(\sin a \pm \frac{\sin M}{\cos M}\cos a\right) \\ &= A\,\frac{\sin a\cos M \pm \sin M\cos a}{\cos M}\end{aligned}$$

Simplifiant, on a, en définitive, les deux relations

$$\text{tang } M = \frac{B}{A}, \qquad A \sin a \pm B \cos a = A \frac{\sin(a \pm M)}{\cos M} \qquad (36)$$

Remarque. Le coefficient de cos a, entre les parenthèses, aurait pu être égalé à une cotangente, et non à une tangente ; on pouvait aussi, en commençant, mettre B en facteur commun, au lieu de A, et suivre par ailleurs la même marche ; la solution du problème offre donc différentes combinaisons faciles à trouver (*Voir la note* A).

NOTIONS SUR LA CONSTRUCTION DES TABLES TRIGONOMÉTRIQUES. USAGE DES TABLES.

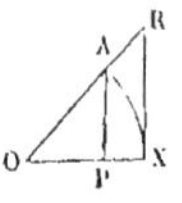

34. Tout arc a moindre que 90°, dans le cercle dont le rayon $= 1$, est plus grand que son sinus et plus petit que sa tangente. Soit XA $= a$ cet arc ; on a AP $= \sin a$, XR $= \text{tang } a$. Le sinus AP est la moitié de la corde qui sous-tend l'arc double $2a$ et cette corde est moindre que son arc ; il vient donc

$$\text{arc } 2a > \text{corde } 2a \text{ ou arc } 2a > 2 \sin a$$

et par suite

$$\text{arc } a > \sin a.$$

On a, en second lieu,

$$\text{secteur XOA} < \text{triangle XOR},$$

ou remplaçant chacune de ces surfaces par sa mesure,

$$\tfrac{1}{2} \text{OX} \times \text{arc XA} < \tfrac{1}{2} \text{OX} \times \text{XR},$$

c'est-à-dire, en supprimant le facteur commun $\frac{1}{2}$ OX,

$$\text{arc } a < \text{tang } a.$$

35. La différence entre l'arc a et son sinus est moindre que $\frac{1}{4} a^3$. On a successivement

$$\sin a = 2 \sin \tfrac{1}{2} a \cos \tfrac{1}{2} a = \frac{2 \sin \frac{1}{2} a \cos^2 \frac{1}{2} a}{\cos \frac{1}{2} a} = 2 \text{ tang } \tfrac{1}{2} a \cos^2 \tfrac{1}{2} a.$$

Mais la relation (1) donne $\sin^2 \frac{1}{2} a + \cos^2 \frac{1}{2} a = 1$, d'où $\cos^2 \frac{1}{2} a = 1 - \sin^2 \frac{1}{2} a$.

En substituant cette valeur ci-dessus, on obtient

$$\sin a = 2 \text{ tang } \tfrac{1}{2} a (1 - \sin^2 \tfrac{1}{2} a).$$

Or, d'après le n° **34**, la tangente de l'arc $\frac{1}{2} a$ est $>$ l'arc $\frac{1}{2} a$; en multipliant par 2, on a donc

$$2 \text{ tang } \tfrac{1}{2} a > a.$$

D'autre part, $\sin \frac{1}{2} a$ étant moindre que l'arc $\frac{1}{2} a$, on a, en élevant ces quantités au carré, $\sin^2 \frac{1}{2} a$ moindre que $\frac{1}{4} a^2$; par conséquent, la différence entre l'unité et $\sin^2 \frac{1}{2} a$ est plus grande que la différence entre l'unité et $\frac{1}{4} a^2$; c'est-à-dire

$$1 - \sin^2 \frac{1}{2} a > 1 - \frac{1}{4} a^2.$$

En effectuant le produit de ces deux inégalités de même sens, on obtient $\quad 2 \operatorname{tang} \frac{1}{2} a \left(1 - \sin^2 \frac{1}{2} a\right) > a \left(1 - \frac{1}{4} a^2\right)$

ou $$\sin a > a - \frac{1}{4} a^3.$$

Ainsi, le sinus d'un arc plus petit que 90°, diffère de cet arc a d'une quantité moindre que le $\frac{1}{4}$ du cube de l'arc ; autrement dit, en prenant l'arc a pour son sinus, l'erreur commise est moindre que $\frac{1}{4} a^3$.

36. Sinus et cosinus des arcs très-petits. Quand un arc a est très-petit, sa valeur est une très-faible fraction du rayon ; $\frac{1}{4} a^3$ peut alors devenir une quantité négligeable, et l'on a

$$\sin a = \text{arc } a,$$

ou, d'après le n° **4**, lorsque a exprime, par exemple, un nombre de secondes de degré,

$$\sin a = a \times \text{arc } 1''.$$

Supposant $a = 1''$, on obtient $\sin 1'' = \text{arc } 1''$; par suite l'expression précédente peut s'écrire

$$\sin a = a \sin 1''.$$

Le cosinus de ce même arc très-petit, se déduit de la relation (18) mise sous la forme

$$\cos a = 1 - 2 \sin^2 \frac{1}{2} a.$$

Dans le cas où il est permis de poser $\sin a = a \sin 1''$, on est, à plus forte raison, en droit de faire $\sin \frac{1}{2} a = \frac{1}{2} a \sin 1''$; la relation précédente devient donc

$$\cos a = 1 - 2 \left(\tfrac{1}{2} a \sin 1''\right)^2 = 1 - 2 \left(\tfrac{1}{4} a^2 \sin^2 1''\right),$$

c'est-à-dire $$\cos a = 1 - \frac{1}{2} a^2 \sin^2 1''.$$

Si le terme $\frac{1}{2} a^2 \sin^2 1''$ est lui-même négligeable, on a simplement $\cos a = 1$.

Ces valeurs approchées sont d'un usage continuel dans les sciences appliquées.

37. Calculer des tables trigonométriques de 15″ en 15″. Supposons qu'on veuille construire des tables contenant les lignes trigonométriques de tous les angles d'un quadrant, considérés de 15″ en 15″. Comme les différentes lignes trigonométriques peuvent se conclure des sinus et des cosinus, au moyen des relations (2), (3), (4) et (5), il suffit d'obtenir ces deux sortes de grandeur.

1° Valeurs de sin 15'' et de cos 15''. Déterminons, d'abord, le sinus et le cosinus de 15''. Prenons, pour cela, l'arc de 15'' et voyons si, en égalant cet arc à son sinus, on commet une erreur inappréciable. Or, il vient d'après le n° **4**,

$$\text{arc } 1' = \frac{\pi}{10800}\text{; par suite arc } 15'' = \frac{\pi}{10800 \times 4} = \frac{\pi}{43200}.$$

Remplaçant π par sa valeur 3.14159 26535 8979 et effectuant le calcul, on obtient : arc 15'' = 0.00007 27220 52166.

Le $\frac{1}{4}$ du cube de ce nombre = 0.00000 00000 00096 < 0.00000 00000 001 ;
En faisant donc $\qquad$ sin 15'' = 0.00007 27220 521.

On commet, d'après le n° **35**, une erreur moindre qu'une unité du 13e ordre décimal.

Pour avoir cos 15'', on cherche d'abord le sin de 7''.5 (qu'on suppose égal à la moitié de l'arc de 15'' avec une approximation qui dépasse encore celle de sin 15'') et l'on obtient par la relation

$$\cos a = 1 - 2\sin^2 \tfrac{1}{2}a, \text{ en y faisant } a = 15''$$

$$\begin{aligned} \cos 15'' &= 1 - 2\sin^2 7''.5 = 1 - 2(0.00003\,63610\,26083)^2 \\ &= 1 - 2(0.00000\,00013\,22123\,2) \\ &= 1 - 0.00000\,00026\,44246\,4 \end{aligned}$$

ou bien $\cos 15'' = 0.99999\,99973\,55754$.

2° Formules de Thomas Simpson, servant à déterminer les sin et les cos des autres angles. Si l'on ajoute ensemble les relations (9) et (11), puis les relations (10) et (12), il vient

$$\sin(a+b)+\sin(a-b)=2\sin a\cos b,\quad \cos(a+b)+\cos(a-b)=2\cos a\cos b \text{ d'où}$$
$$\sin(a+b)=2\sin a\cos b-\sin(a-b),\quad \cos(a+b)=2\cos a\cos b-\cos(a-b)$$

Posant $a = mb$, on a

$$\sin(m+1)b=2\sin mb\cos b-\sin(m-1)b,\quad \cos(m+1)b=2\cos mb\cos b-\cos(m-1)b$$

Si l'on fait $b = 15''$, ces formules deviennent

$$\sin(m+1)15''=2\sin m15''\cos 15''-\sin(m-1)15'',$$
$$\cos(m+1)15''=2\cos m15''\cos 15''-\cos(m-1)15''.$$

Donnant à m les valeurs successives 1, 2, 3, ... on obtient

$m=1$, $\sin 30''=2\sin 15''\cos 15''$, $\qquad \cos 30''=2\cos^2 15''-1$
$m=2$, $\sin 45''=2\sin 30''\cos 15''-\sin 15''$, $\cos 45''=2\cos 30''\cos 15''-\cos 15''$
$m=3$, $\sin 60''=2\sin 45''\cos 15''-\sin 30''$, $\cos 60''=2\cos 45''\cos 15''-\cos 30''$
. . . .

Remarque. Il suffit de calculer les lignes trigonométriques des angles de 0° à 45°, pour avoir simultanément celles des angles de 45° à 90°. En effet, les angles 45° — a et 45° + a étant complémentaires,

les valeurs sin	(45° — a) donnent, en même temps, cos	(45° + a)
cos	(45° — a)	sin (45° + a)
tang	(45° — a)	cot (45° + a)
cot	(45° — a)	tang (45° + a)
séc	(45° — a)	coséc (45° + a)
coséc	(45° — a)	séc (45° + a)

38. Logarithmes des lignes trigonométriques. Après avoir obtenu les lignes trigonométriques, il convient de chercher leurs logarithmes, afin d'en rendre l'emploi plus commode. Ces logarithmes sont donnés, avec leurs cologarithmes, dans les tables stéréotypes de M. V. CAILLET, que nous adopterons pour nos calculs. Elles sont à six décimales, ce qui suffit amplement aux opérations les plus rigoureuses de la navigation, et même de la plupart des sciences d'observation (*).

Ces tables sont accompagnées d'une explication qui nous dispense d'entrer dans aucun détail sur leur usage. Chaque page contient dix colonnes, se correspondant deux à deux, entre lesquelles sont placées les parties proportionnelles communes.

Ces colonnes renferment :
les logarithmes et les colog. des sinus, des cosinus et des tangentes;
qui représentent, en même temps,
les cologarithmes et les logar. des coséc, des séc. et des cotangentes.

Si l'on applique, en effet, les logarithmes aux relations (5), (3) et (6), on obtient, en se rappelant que log 1 = 0,

l. sin a + l. coséc a = 0, d'où l. sin a = col. coséc a et col. sin a = l. coséc a
l. cos a + l. séc a = 0, d'où l. cos a = col. séc a et col. cos a = l. séc a
l. tang a + l. cot a = 0, d'où l. tang a = col. cot a et col. tang a = l. cot a

(*) Les premières tables publiées en 1846 par le même auteur, étaient à sept décimales comme celles de CALLET. Un pareil nombre de chiffres décimaux lui a paru superflu, ce qui est, du reste, l'opinion unanime de tous les Savants et Marins des nations étrangères, qui ont écrit sur l'art nautique. Il présente, en effet, le double inconvénient de faire croire à un degré de précision purement illusoire, en raison de l'approximation que ne sauraient dépasser les éléments des calculs, et d'augmenter sans le moindre avantage les chances d'erreur, en compliquant les opérations ou en rendant les tables plus volumineuses. Dans les tables nouvelles, on a évité avec soin les développements nuisibles dans l'usage habituel; le principal but qu'on a eu en vue, est de rendre prompte et sûre l'exécution des calculs usuels, tout en laissant la faculté d'une grande rigueur, pour les circonstances plus rares où elle est possible et utile.

Dans la résolution des triangles, on ne considère en général que des angles moindres que 180°. Les arguments des tables embrassent tous les angles de 0° à 180°, ce qui dispense de réduire les arcs au premier quadrant.

Les différences des logarithmes consécutifs permettent d'apprécier le degré d'exactitude avec lequel on obtient un angle donné par son sinus, son cosinus ou sa tangente. Représentons, en effet, par d une de ces différences, qui correspondent toutes à une variation de 15″ dans l'arc ; si l'on suppose une erreur d'une unité du dernier ordre sur le logarithme, l'erreur résultante sur l'arc sera le quotient de 15″ par d. Ainsi, plus la différence des logarithmes sera grande, plus l'erreur du résultat sera petite. L'inspection des tables fait reconnaître que les tangentes sont les lignes les plus favorables ; on doit donc les préférer dans la recherche des angles. Un angle voisin de 0° ou de 180° ne peut être déterminé avec précision par son cosinus ; et si l'angle approche de 90°, son sinus ne peut en fournir une valeur rigoureuse. Entre 0° et 45°, ou entre 135° et 180° le sinus doit être préféré au cosinus ; c'est le contraire de 45° à 135°.

Quand un arc est donné et qu'on cherche les logarithmes des lignes trigonométriques correspondantes, l'exactitude des résultats dépend des conditions inverses de celles qu'on vient d'établir.

II. TRIGONOMÉTRIE RECTILIGNE.

RELATIONS QUI SERVENT A LA RÉSOLUTION D'UN TRIANGLE RECTILIGNE.

39. Relation entre les trois côtés et un angle. Un triangle se compose de six éléments, savoir les trois angles et les trois côtés. Nous représenterons les trois angles par les lettres capitales A, B, C, et les côtés opposés à chacun de ces angles par les petites lettres correspondantes a, b, c.

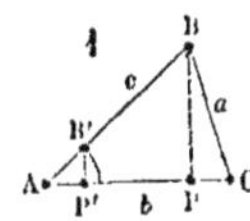

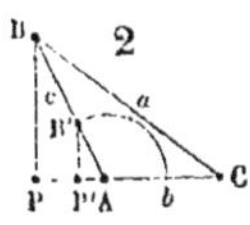

Nous nous proposons de trouver une relation entre les trois côtés a, b, c d'un triangle rectiligne (*fig.* 1 *et* 2) et l'un des angles, l'angle BAC = A, par exemple.

Abaissons de l'un des deux autres sommets B la perpendiculaire BP sur le côté opposé ; il viendra, d'après un théorème de géométrie,

Si A est $< 90^\circ$ — Si A est $> 90^\circ$

Fig. 1... $b^2+c^2-a^2=2b.\mathrm{AP}$; *Fig.* 2... $b^2+c^2-a^2=-2b.\mathrm{AP}$.

Décrivons un arc de cercle autour du point A avec le rayon AB' = 1 et traçons le sinus B'P' de l'angle A ; on aura par la similitude des triangles APB, AP'B',

Fig. 1... $\cos A=\frac{\mathrm{AP'}}{\mathrm{AB'}}=\frac{\mathrm{AP}}{\mathrm{AB}}=\frac{\mathrm{AP}}{c}$; *Fig.* 2... $\cos A=\frac{-\mathrm{AP'}}{\mathrm{AB'}}=\frac{-\mathrm{AP}}{\mathrm{AB}}=\frac{-\mathrm{AP}}{c}$

d'où $\mathrm{AP}=c\cos A$; $\qquad -\mathrm{AP}=c\cos A$

Substituant chacune de ces valeurs dans la relation supérieure qui lui correspond, on obtient la formule générale

$$b^2+c^2-a^2=2bc\cos A$$

on trouverait de même

$$a^2+c^2-b^2=2ac\cos B \qquad (37)$$

$$a^2+b^2-c^2=2ab\cos C$$

40. Relation entre les trois angles. On a vu, en géométrie, que les trois angles d'un triangle rectiligne étaient liés entr'eux par la relation $$A + B + C = 180^\circ \qquad (38)$$

Ainsi, les trois angles ne sont pas trois éléments distincts, parce que deux angles étant donnés, le troisième angle est forcément déterminé. On sait, d'ailleurs, que si l'on connaît les angles seuls d'un triangle, une infinité de triangles semblables satisfont à ces valeurs.

41. Relation entre deux angles et les côtés opposés. On veut, par exemple, une relation entre a, b, A et B. Il suffit, pour l'obtenir, d'éliminer c entre les deux premières formules (37). On atteint très-facilement ce but, en élevant ces deux équations au carré et en les retranchant l'une de l'autre.

Et d'abord, le premier membre devient la différence $(a^2 + c^2 - b^2)^2 - (b^2 + c^2 - a^2)^2$ de deux carrés, qui est égale au produit de la somme $2c^2$ par la différence $2a^2 - 2b^2$ des quantités entre parenthèses, ou égale à $4c^2(a^2 - b^2)$. Le second membre a pour valeur $4a^2c^2\cos^2 B - 4b^2c^2\cos^2 A$ ou $4c^2(a^2\cos^2 B - b^2\cos^2 A)$. Si l'on supprime le facteur commun $4c^2$ dans les deux membres, il reste $a^2 - b^2 = a^2\cos^2 B - b^2\cos^2 A$, d'où, successivement, $a^2(1 - \cos^2 B) = b^2(1 - \cos^2 A)$

$$a^2\sin^2 B = b^2\sin^2 A$$

$$\frac{a^2}{\sin^2 A} = \frac{b^2}{\sin^2 B}$$

On trouverait pareillement, au moyen de la 1re et de la 3e des relations (37),

$$\frac{a^2}{\sin^2 A} = \frac{c^2}{\sin^2 C}$$

On a donc, en extrayant les racines carrées,

$$\frac{a}{\sin A} = \frac{b}{\sin B} = \frac{c}{\sin C} \qquad (39)$$

42. Relation entre quatre éléments consécutifs. On se propose, par exemple, d'avoir une relation entre les quatre éléments A, b, C et a, qui se suivent autour du triangle ABC. Cette relation est une conséquence immédiate des formules (38) et (39). On tire, en effet, de (38), $B = 180^\circ - (A + C)$, d'où $\sin B = \sin(A + C)$, et cette valeur substituée dans la première des équations (39) donne

$$\frac{a}{\sin A} = \frac{b}{\sin(A + C)} \qquad (40)$$

43. Relations entre les cinq éléments distincts d'un triangle rectiligne, c'est-à-dire entre les trois côtés et deux angles. Les formules (39) et (40) donnent

$$\frac{c}{\sin C} = \frac{a}{\sin A} = \frac{b}{\sin (A + C)}.$$

On tire de là, par une propriété connue des rapports égaux,

$$\frac{c}{\sin C} = \frac{b + a}{\sin (A + C) + \sin A} = \frac{b - a}{\sin (A + C) - \sin A}$$

On remplaçant sin C par $2 \sin \frac{1}{2} C \cos \frac{1}{2} C$ et développant la somme et la différence de deux sinus,

$$\frac{c}{2 \sin \frac{1}{2} C \cos \frac{1}{2} C} = \frac{b + a}{2 \sin (A + \frac{1}{2} C) \cos \frac{1}{2} C} = \frac{b - a}{2 \cos (A + \frac{1}{2} C) \sin \frac{1}{2} C}.$$

Si l'on supprime les facteurs communs et qu'on chasse les dénominateurs, il vient

$$\begin{aligned} c \sin (A + \tfrac{1}{2} C) &= (b + a) \sin \tfrac{1}{2} C \\ c \cos (A + \tfrac{1}{2} C) &= (b - a) \cos \tfrac{1}{2} C \end{aligned} \qquad (41)$$

44. Relations entre trois éléments d'un triangle rectangle, autres que l'angle droit. Supposons le triangle rectangle au sommet A ; faisant $A = 90°$ dans les formules (37) et (38), on a d'abord les relations connues $b^2 + c^2 - a^2 = 0$, $B + C = 90°$. Si l'on introduit la même condition dans la formule (39) et si l'on remarque qu'alors $\sin B = \sin (90° - C) = \cos C$ et $\sin C = \sin (90° - B) = \cos B$, elles deviennent

$$\frac{a}{1} = \frac{b}{\sin B} = \frac{c}{\sin C} \text{ ou } = \frac{b}{\cos C} = \frac{c}{\cos B} \text{ d'où } \begin{cases} b = a \sin B = a \cos C \\ c = a \cos B = a \sin C \end{cases}$$

Ces équations divisées alternativement les unes par les autres, donnent

$$\begin{aligned} b &= c \operatorname{tang} B = c \cot C \\ c &= b \cot B = b \operatorname{tang} C \end{aligned}$$

On a donc, en définitive, le système d'équations

$$\begin{aligned} b &= a \sin B = a \cos C = c \operatorname{tang} B = c \cot C \\ c &= a \sin C = a \cos B = b \operatorname{tang} C = b \cot B \end{aligned} \qquad (42)$$

Autrement dit : *Chaque côté de l'angle droit est égal :*

1° *Au produit de l'hypothénuse par le sinus de l'angle opposé ou par le cosinus de l'angle adjacent ;*

2° *Au produit de l'autre côté de l'angle droit par la tangente de l'angle opposé ou par la cotangente de l'angle adjacent.*

Si l'on fait $A = 90°$ dans la relation (40), on retrouve une des formules précédentes.

Les relations (41) deviennent, dans cette hypothèse,

$$c \sin(90° + \tfrac{1}{2}C) \text{ ou } \quad c \cos \tfrac{1}{2}C = (b + a) \sin \tfrac{1}{2}C$$
$$c \cos(90° + \tfrac{1}{2}C) \text{ ou } - c \sin \tfrac{1}{2}C = (b - a) \cos \tfrac{1}{2}C$$

c'est-à-dire

$$\left.\begin{aligned} a + b &= c \cot \tfrac{1}{2}C \\ a - b &= c \operatorname{tang} \tfrac{1}{2}C \end{aligned}\right\} \quad (43)$$

RÉSOLUTION D'UN TRIANGLE RECTILIGNE QUELCONQUE.

45. 1er Cas : On connaît les trois côtés a, b, c. Les trois angles A, B, C se détermineront par les formules (37). De la 1re on tire

$$\cos A = \frac{b^2 + c^2 - a^2}{2bc}$$

On transforme cette expression en une autre plus commode pour le calcul logarithmique, en appliquant à l'angle A l'une des relations (18), (19) ou (20). On a, d'abord,

$$1 - \cos A = 1 - \frac{b^2 + c^2 - a^2}{2bc} \quad \text{et} \quad 1 + \cos A = 1 + \frac{b^2 + c^2 - a^2}{2bc}$$
$$= \frac{2bc - b^2 - c^2 + a^2}{2bc} \qquad = \frac{2bc + b^2 + c^2 - a^2}{2bc}$$
$$= \frac{a^2 - (b - c)^2}{2bc} \qquad = \frac{(b + c)^2 - a^2}{2bc}$$
$$= \frac{(a + b - c)(a - b + c)}{2bc} \qquad = \frac{(a + b + c)(-a + b + c)}{2bc}$$

Posons $a + b + c = 2s$, d'où l'on tire, en retranchant $2a$, puis $2b$ et $2c$,

$$-a + b + c = 2(s - a),$$
$$a - b + c = 2(s - b),$$
$$a + b - c = 2(s - c).$$

Les valeurs trouvées plus haut deviendront

$$1 - \cos A = \frac{2(s - b)(s - c)}{bc}, \qquad 1 + \cos A = \frac{2s(s - a)}{bc}.$$

Mais $2 \sin^2 \tfrac{1}{2} A = 1 - \cos A$, $2 \cos^2 \tfrac{1}{2} A = 1 + \cos A$, $\operatorname{tang}^2 \tfrac{1}{2} A = \dfrac{1 - \cos A}{1 + \cos A}$

On arrive donc enfin aux trois relations

$$\sin^2 \tfrac{1}{2} A = \frac{(s - b)(s - c)}{bc}, \quad \cos^2 \tfrac{1}{2} A = \frac{s(s - a)}{bc}, \quad \operatorname{tang}^2 \tfrac{1}{2} A = \frac{(s - b)(s - c)}{s(s - a)} \quad (44)$$

On obtiendra pour les angles B et C les formules analogues

$$\sin^2 \tfrac{1}{2} B = \frac{(s-a)\ (s-c)}{ac}, \quad \cos^2 \tfrac{1}{2} B = \frac{s(s-b)}{ac}, \quad \operatorname{tang}^2 \tfrac{1}{2} B = \frac{(s-a)\ (s-c)}{s(s-b)}$$

$$\sin^2 \tfrac{1}{2} C = \frac{(s-a)\ (s-b)}{ab}, \quad \cos^2 \tfrac{1}{2} C = \frac{s(s-c)}{ab}, \quad \operatorname{tang}^2 \tfrac{1}{2} C = \frac{(s-a)\ (s-b)}{s(s-c)}$$

Si l'on applique les logarithmes, il vient, par exemple pour A,

$$\operatorname{Log} \sin \tfrac{1}{2} A = \tfrac{1}{2} [\log (s-b) + \log (s-c) + \operatorname{colog} b + \operatorname{colog} c]$$
$$\operatorname{Log} \cos \tfrac{1}{2} A = \tfrac{1}{2} [\log s + \log (s-a) + \operatorname{colog} b + \operatorname{colog} c]$$
$$\operatorname{Log} \operatorname{tang} \tfrac{1}{2} A = \tfrac{1}{2} [\operatorname{colog} s + \operatorname{colog} (s-a) + \log (s-b) + \log (s-c)]$$

Si l'on a besoin de calculer les trois angles, la formule des tangentes doit être préférée sous tous les rapports ; comme vérification des résultats, on s'assure si leur somme est égale à 180°. On évite d'employer la formule des sinus quand l'arc approche de 180° ou sa moitié de 90°, et la formule des cosinus quand il est trop voisin de zéro.

EXEMPLE I. On suppose $a = 1243.6$, $b = 780.9$, $c = 945.2$.
Calcul des angles A, B, C par les formules

$$\sin^2 \tfrac{1}{2} A = \frac{(s-b)\ (s-c)}{bc}, \quad \cos^2 \tfrac{1}{2} B = \frac{s(s-b)}{ac}, \quad \operatorname{tg}^2 \tfrac{1}{2} C = \frac{(s-a)\ (s-b)}{s(s-c)}$$

a	$= 1243.6...$	...	col $\bar{4}.905320...$	
b	$= 780.9...$	col $\bar{3}.107405...$	...	
c	$= 945.2...$	col $\bar{3}.024476...$	col $\bar{3}.024476...$	
$2s$......	2969.7...	...	...	
s.......	1484.85..	...	log 3.171683...	col $\bar{4}.828317$
$s-a$...	241.25..	...	...	log 2.382467
$s-b$...	703.95..	log 2.847542...	log 2.847542...	log 2.847542
$s-c$...	539.65..	log 2.732112...	...	col $\bar{3}.267888$
Somme..........		$\bar{1}.711535$	$\bar{1}.949021$	$\bar{1}.326214$
$\frac{1}{2}$ Somme........		sin $\frac{1}{2}$ A $\bar{1}.8557675$	cos $\frac{1}{2}$ B $\bar{1}.9745105$	tang $\frac{1}{2}$ C $\bar{1}.6631070$
		$\frac{1}{2}$ A = 45°50'28"	$\frac{1}{2}$ B = 19°26'20"	$\frac{1}{2}$ C = 24°43'12"
		A = 91 40 56	B = 38 52 40	C = 49 26 24

A + B + C = 180°0'0"

EXEMPLE II. On suppose $a = 1317.16$, $b = 1042.02$, $c = 900.2$.
On trouve A = 85°4'9", B = 52°0'57", C = 42°54'54".

46. 2e Cas : On connaît deux côtés a, b et l'angle compris C. On aura A et c par les deux formules (41). On obtient d'abord A en les divisant l'une par l'autre, pour éliminer c : il vient ainsi

$$\operatorname{tang} (A + \tfrac{1}{2} C) = \frac{b+a}{b-a} \operatorname{tang} \tfrac{1}{2} C$$

On conclut de là $(A + \frac{1}{2} C)$, d'où $A = (A + \frac{1}{2} C) - \frac{1}{2} C$.
On a, en même temps,

$$B = 180° - [A + C]$$
$$= 180° - [(A + \tfrac{1}{2} C) + \tfrac{1}{2} C].$$

Le côté c se calcule ensuite par l'une des formules (44).

D'après cela, si l'on représente par M l'angle $A + \frac{1}{2}C$, le triangle sera résolu par l'ensemble des relations

$$\tang M = \frac{b+a}{b-a} \tang \tfrac{1}{2} C \quad \left(\begin{array}{l} \text{où l'on prend } M < 90^\circ \text{ quand } a \text{ est } < b \\ \qquad\qquad\quad M > 90^\circ \text{ quand } a \text{ est } > b \end{array} \right)$$

$$A = M - \tfrac{1}{2}C, \quad B = 180^\circ - (M + \tfrac{1}{2}C) \qquad (45)$$

$$c = (b+a)\frac{\sin \frac{1}{2} C}{\sin M} = (b-a)\frac{\cos \frac{1}{2} C}{\cos M}$$

EXEMPLE. On suppose $a = 0.8706$, $b = 0.7902$, $C = 3^\circ 1' 56''$.

$b + a$......	1.6608...	log 0.220317..	log 0.220317	
$b - a$.....	— 0.0804...	col 1.094744..		log $\bar{2}.905256$
$\frac{1}{2}$ C........	1°30'58''..	l tang $\bar{2}.422710$..	l sin $\bar{2}.422558$..	c cos $\bar{1}.999848$
		l tang M = $\bar{1}.737771$		
M..........	151°20' 0''	....	col sin 0.319018..	c cos 0.056790
A = M — $\frac{1}{2}$ C	149 49 2		log c = $\bar{2}.961893$.......	$\bar{2}.961894$
M + $\frac{1}{2}$ C	152 50 58			
ôtez de.....	179 59 60		c = 0.091599	
B = ...	27° 9' 2''			

47. 3ᵉ Cas : On connait deux côtés a, b et l'angle A opposé à l'un d'eux. Les relations (39) et (38) fournissent les valeurs des inconnues B, C et c ; on a

$$\sin B = \frac{b \sin A}{a}, \quad C = 180^\circ - (A + B), \quad c = \frac{a \sin C}{\sin A} \qquad (46).$$

C et c dépendent de B qui est donné par un sinus. Or, à un même sinus correspondent deux arcs supplémentaires moindres que 180°, l'un $B_1 < 90^\circ$ et l'autre $B_2 = 180^\circ - B_1$. Il s'agit d'examiner dans quelles circonstances on doit avoir une ou deux solutions.

1° Soit $a > b$; il en résulte $B < A$; par suite, le même triangle ne pouvant avoir deux angles obtus, l'angle B sera nécessairement aigu, quel que soit l'angle A.

2° Soit $a = b$; il en résulte $B = A$ et les deux angles A et B sont aigus.

3° Soit $a < b$; alors B est $> A$, qui est nécessairement aigu, et il peut être plus grand que cet angle de deux manières, soit en restant lui-même moindre que 90°, soit, à plus forte raison, en étant obtus.

Ainsi, le problème a deux solutions, dans le *seul* cas où le côté opposé à l'angle donné est plus petit que le second côté : alors chacune des valeurs B_1, B_2 de l'angle B, donne les valeurs C_1, c_1, puis C_2, c_2 de C et c qui correspondent à un même triangle. Cette même conséquence se démontre en Géométrie, par une construction graphique.

Nous ne disons rien des cas impossibles ; ils ne sauraient se produire dans la nature.

EXEMPLE : On suppose $a = 212.5$, $b = 836.4$, $A = 14°24'35''$

b.............	log 2.922414		
a.............	col $\bar{3}$.672641......	log 2.327359..........	2.327359
A	l sin $\bar{1}$.395945......	col sin 0.604055..........	0.604055
	l sin B = $\bar{1}$.991000...	l sin C_1 $\bar{1}$.999486	l sin C_2 $\bar{1}$.958534
B_1 = 78°22'32''	B_2 = 101°37'28''	log c_1 = 2.930900	log c_2 = 2.884948
A... 14 24 35	14 24 35	1re Solution.	2e Solution.
Som. 92 47 7	116 2 3	c_1 = 852.90	c_2 = 767.27
179 59 60	179 59 60	B_1 = 78°22'32''	B_2 = 101°37'28''
C_1 = 87°12'53''	C_2 = 63°57'57''	C_1 = 87 12 53	C_2 = 63 57 57

48. 4e Cas : On connaît deux angles et un côté a. On détermine le troisième angle et les deux autres côtés par les relations

$$A + B + C = 180°,\ b = \frac{a \sin B}{\sin A},\ c = \frac{a \sin C}{\sin A} \qquad (47)$$

EXEMPLE : On suppose $A = 56°12'15''$, $B = 70°1'45''$, $a = 705.44$.

A........ 56°12'15''....	col sin	0.080386............	0.080386
B........ 70 1 45	l sin	$\bar{1}$.978066.... l sin C	$\bar{1}$.906667
Somme... 126 14 0	log a	2.848460............	2.848460
179 60 0	log b = 2.901912......	log c = 2.835513	
C...... = 53°46' 0''	b = 797.83	c = 684.72	

RÉSOLUTION D'UN TRIANGLE RECTILIGNE RECTANGLE.

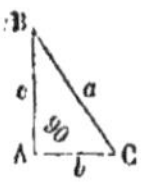

49. 1er Cas : On connaît les deux côtés b, c de l'angle droit A. Les relations du N° **44** donnent, pour déterminer B, C et a, les formules

$$b = c \text{ tang } B,\ \text{d'où tang } B = \frac{b}{c}$$

$$C = 90° - B \qquad (48)$$

$$b = a \sin B,\ \text{d'où} \quad a = \frac{b}{\sin B};\ \text{ou encore } a^2 = b^2 + c^2$$

EXEMPLE : On a $b = 246.7$, $c = 135.9$.

c.......	colog $\bar{3}.866781$	
b.......	log 2.392169..........	2.392169
	l tang B = 0.258950	
B = 61° 9′ 3″...........		col sin 0.057549
C = 28 50 57		log $a = 2.449718$
$a = 281.655$		

50. 2e Cas : On connaît l'hypothénuse a et un côté b. On peut obtenir B, C et c :

1° Au moyen des relations (42) qui donnent

$$b = a \sin B,\ \text{d'où}\ \sin B = \frac{b}{a},\ \text{puis}\ C = 90^\circ - B; \qquad (49)$$
$$c = a \cos B$$

2° Au moyen des relations (43) qui, divisées et multipliées l'une par l'autre, donnent

$$\operatorname{tang}^2 \tfrac{1}{2} C = \frac{a-b}{a+b},\ \text{de là C, puis}\ B = 90^\circ - C;$$
$$c^2 = (a-b)(a+b);\ \text{on a encore}\ c = \frac{a-b}{\operatorname{tg} \frac{1}{2} C} = (a+b) \operatorname{tg} \tfrac{1}{2} C \qquad (49_1)$$

EXEMPLE : On suppose $a = 128.9$, $b = 109.032$.

$a - b$......	19.868.......	log 1.298154........	log 1.298154
$a + b$......	237.932.......	col $\bar{3}.623547$........	log 2.376453
		Somme $\bar{2}.921701$.............	3.674607
$\frac{1}{2}$ som...		l tang $\frac{1}{2}$ C = $\bar{1}.4608505$	log $c = 1.8373035$
		$\frac{1}{2}$ C = 16° 7′ 3″	$c = 68.755$
		C = 32 14 6	
		B = 57 45 54	

51. 3e Cas : On connaît l'hypothénuse a et un angle aigu B. On calcule C, b et c par les relations

$$C = 90^\circ - B,\quad b = a \sin B,\quad c = a \cos B \qquad (50)$$

EXEMPLE : On donne $a = 522.4$, B = 32°22′; de là C = 57°38′.

B.........	l sin $\bar{1}.728626$.........	l cos $\bar{1}.926671$
a.........	log 2.718003.........	log 2.718003
	log $b = 2.446629$	log $c = 2.644674$
	$b = 279.66$	$c = 441.24$

52. 4e Cas : On connaît un côté de l'angle droit b et un angle aigu.

L'autre angle aigu, l'hypothénuse a et l'autre côté c se trouvent par les formules

$$B + C = 90^\circ$$

$$b = a \sin B, \text{ d'où } a = \frac{b}{\sin B} \qquad (51)$$

$$b = c \operatorname{tang} B, \text{ d'où } c = \frac{b}{\operatorname{tang} B}$$

Exemple. On a $b = 0.0308$, $C = 76^\circ 18' 52''$; de là $B = 13^\circ 41' 8''$.

b.	log $\bar{2}.488551$.		log $\bar{2}.488551$
B.	col sin 0.625998.		col tg 0.613489
	Log $a = \bar{1}.114549$		log $c = \bar{1}.102040$
	$a = 0.13018$		$c = 0.12649$

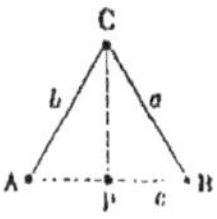

53. Résolution d'un triangle isoscèle. Si l'on considère un triangle isoscèle, en abaissant du sommet C, opposé au côté inégal c, une perpendiculaire CP sur ce côté, on décomposera le triangle en deux triangles rectangles égaux. Les éléments de chacun de ces triangles seront, outre la perpendiculaire et l'angle droit, $A = B$, $a = b$, $\frac{1}{2}C$ et $\frac{1}{2}c$; de sorte qu'étant donnés les éléments suffisants du triangle primitif, on connaîtra les éléments correspondants de chaque triangle rectangle, et cherchant dans l'un d'eux les éléments inconnus, on aura immédiatement ceux du triangle proposé.

III. TRIGONOMÉTRIE SPHÉRIQUE.

RELATIONS QUI SERVENT A LA RÉSOLUTION D'UN TRIANGLE SPHÉRIQUE.

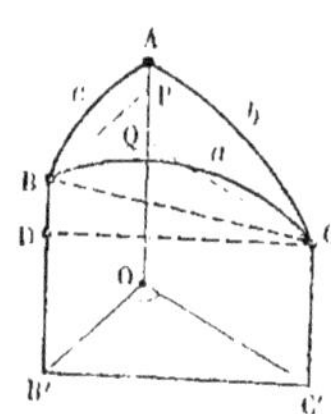

54. Relations entre les trois côtés et un angle. Par le centre O de la sphère, je conçois un plan perpendiculaire au rayon AO mené au sommet de l'angle A; il coupe les plans des deux côtés c, b suivant les droites OB', OC' perpendiculaires à AO, de sorte que l'angle B'OC' = l'angle A. Soient B', C' les projections des deux autres sommets B, C sur ce plan, et P, Q leurs projections sur le rayon OA, qui donnent $BP = \sin c$ et $CQ = \sin b$; menons les droites BC, B'C' et traçons par l'un de ces deux autres sommets, C par exemple, une parallèle à B'C'. On a évidemment, en regardant le rayon de la sphère, ou des arcs de cercle, comme égal à l'unité, et en remarquant que OB' = BP, OC' = CQ, BB' = OP, CC' = OQ :

$$OB' = \sin c,\ OC' = \sin b,\ BB' = \cos c,\ CC' = \cos b,\ BC = 2 \sin \tfrac{1}{2} a.$$

Cela posé, il vient

$$\overline{BC}^2 = \overline{CD}^2 + \overline{BD}^2 \text{ ou } 4 \sin^2 \tfrac{1}{2} a = \overline{B'C'}^2 + \overline{BD}^2$$

Or, le triangle OB'C' donne

$$\overline{B'C'}^2 = \overline{OC'}^2 + \overline{OB'}^2 - 2OC'.OB' \cos A$$
$$= \sin^2 b + \sin^2 c - 2 \sin b \sin c \cos A$$

De plus, on a $\overline{BD}^2 = (BB' - CC')^2 = (\cos c - \cos b)^2$
$$= \cos^2 b + \cos^2 c - 2 \cos b \cos c$$

Remplaçant ces valeurs dans l'expression de $4 \sin^2 \frac{1}{2} a$ et se rappelant que la somme des carrés du sinus et du cosinus d'un arc est égale à l'unité, on obtient, après avoir divisé tous les termes par 2,

$$2\sin^2\tfrac{1}{2}a \text{ ou } 1-\cos a = 1-\sin b\sin c\cos A-\cos b\cos c$$

d'où l'on tire

$$\cos a-\cos b\cos c=\sin b\sin c\cos A$$

on aurait de même

$$\begin{aligned}\cos b-\cos a\cos c&=\sin a\sin c\cos B\\ \cos c-\cos a\cos b&=\sin a\sin b\cos C\end{aligned}\qquad(52)$$

Remarque. Cette démonstration est due à Delambre (Astronomie théorique et pratique, T. I, page 136). Au lieu de faire passer le plan perpendiculaire à OA par le centre O, on pourrait le mener par le sommet A ou par l'un des deux autres sommets B ou C; on aurait ainsi deux variétés de cette démonstration.

55. Relation entre les trois angles et un côté. Si l'on construit le triangle supplémentaire du triangle proposé et qu'on désigne par a', b', c' les côtés de ce triangle dont les pôles sont aux sommets A, B, C, et par A' l'angle opposé à a', on aura d'après le n° **54**,

$$\cos a'-\cos b'\cos c'=\sin b'\sin c'\cos A'.$$

Mais les éléments a', b', c', A' ayant pour suppléments les éléments A, B, C, a du triangle proposé, il vient

$$\begin{aligned}\cos a'&=-\cos A,\ \cos b'=-\cos B,\ \cos c'=-\cos C\\ \sin b'&=\sin B,\ \sin c'=\sin C,\ \cos A'=\cos a\end{aligned}$$

On a, par suite

$$-\cos A-\cos B\cos C=-\sin B\sin C\cos a$$

Ou changeant les signes et écrivant les autres relations analogues,

$$\begin{aligned}\cos A+\cos B\cos C&=\sin B\sin C\cos a\\ \cos B+\cos A\cos C&=\sin A\sin C\cos b\\ \cos C+\cos A\cos B&=\sin A\sin B\cos c\end{aligned}\qquad(53)$$

56. Relation entre deux angles et les côtés opposés. On veut, par exemple, une relation entre A, B, a et b, ce qu'on obtiendra en éliminant c entre les deux premières équations (52). Il suffit, pour opérer cette élimination, d'élever les deux équations au carré et de les retrancher l'une de l'autre. Il vient d'abord

$$\cos^2 a+\cos^2 b\cos^2 c-2\cos a\cos b\cos c=\sin^2 b\sin^2 c\cos^2 A$$

$$\cos^2 b+\cos^2 a\cos^2 c-2\cos a\cos b\cos c=\sin^2 a\sin^2 c\cos^2 B$$

d'où, par soustraction,

$$\cos^2 b-\cos^2 a-(\cos^2 b-\cos^2 a)\cos^2 c=\sin^2 c\,(\sin^2 a\cos^2 B-\sin^2 b\cos^2 A),$$

c'est-à-dire

$$(\cos^2 b - \cos^2 a)(1 - \cos^2 c) = \sin^2 c (\sin^2 a \cos^2 B - \sin^2 b \cos^2 A).$$

Supprimant le facteur commun $1 - \cos^2 c = \sin^2 c$ et remplaçant $\cos^2 b - \cos^2 a$ par $1 - \sin^2 b - (1 - \sin^2 a) = \sin^2 a - \sin^2 b$, on obtient

$$\sin^2 a - \sin^2 b = \sin^2 a \cos^2 B - \sin^2 b \cos^2 A,$$

d'où $\quad \sin^2 a (1 - \cos^2 B) = \sin^2 b (1 - \cos^2 A)$

$$\sin^2 a \sin^2 B = \sin^2 b \sin^2 A$$

$$\frac{\sin^2 a}{\sin^2 A} = \frac{\sin^2 b}{\sin^2 B}$$

On trouverait, semblablement, par la 1re et la 3e des équations (52)

$$\frac{\sin^2 a}{\sin^2 A} = \frac{\sin^2 c}{\sin^2 C}$$

On a donc, en extrayant les racines carrées,

$$\frac{\sin a}{\sin A} = \frac{\sin b}{\sin B} = \frac{\sin c}{\sin C} \qquad (54)$$

57. Relation entre quatre éléments consécutifs. Cherchons, par exemple, une relation entre A, b, C et a. Il faut, pour cela, éliminer $\cos c$ et $\sin c$ de la première des relations (52) :

$$\cos a - \cos b \cos c = \sin b \sin c \cos A$$

Or, la 3e donne $\quad \cos c = \cos a \cos b + \sin a \sin b \cos C$

et l'on tire des relations (54) $\quad \sin c = \dfrac{\sin a \sin C}{\sin A},$

Substituant ces valeurs dans l'expression qui précède, on obtient

$$\cos a - \cos a \cos^2 b - \sin a \sin b \cos b \cos C = \sin a \sin b \sin C \cot A$$

ou $\cos a (1 - \cos^2 b) - \sin a \sin b \sin C \cot A = \sin a \sin b \cos b \cos C$

Si l'on remplace $1 - \cos^2 b$ par $\sin^2 b$ et qu'on divise tous les termes par $\sin a \sin b$, il vient

$$\cot a \sin b - \cot A \sin C = \cos b \cos C$$

on aurait de même

$$\left.\begin{aligned}
\cot a \sin c - \cot A \sin B &= \cos c \cos B \\
\cot b \sin a - \cot B \sin C &= \cos a \cos C \\
\cot b \sin c - \cot B \sin A &= \cos c \cos A \\
\cot c \sin a - \cot C \sin B &= \cos a \cos B \\
\cot c \sin b - \cot C \sin A &= \cos b \cos A
\end{aligned}\right\} \qquad (55)$$

Pour retenir facilement cette relation, on remarque qu'elle contient, au premier membre, les cotangentes du côté et de l'angle *opposés*, multipliées respectivement par les sinus de l'autre côté et de l'autre angle, puis, au second membre, le produit des cosinus de ces deux autres éléments.

58. Relations de Delambre entre les six éléments d'un triangle sphérique. — Analogies de Néper. Les relations (54) donnent

$$\frac{\sin c}{\sin C} \times \frac{\sin c}{\sin C} = \frac{\sin a}{\sin A} \times \frac{\sin b}{\sin B} \quad \text{ou} \quad \frac{1 - \cos^2 c}{1 - \cos^2 C} = \frac{\sin a \sin b}{\sin A \sin B},$$

c'est-à-dire
$$\frac{(1 + \cos c)(1 - \cos c)}{(1 + \cos C)(1 - \cos C)} = \frac{\sin a \sin b}{\sin A \sin B} \qquad (m)$$

D'autre part, on a, par les relations (52) et (53),

$$\sin a \sin b \cos C = \cos c - \cos a \cos b \qquad (n)$$

$$\sin A \sin B \cos c = \cos C + \cos A \cos B \qquad (p)$$

Cela posé, pour avoir les formules de Delambre, il suffit de tirer de (m) les diverses combinaisons du quotient de $1 \pm \cos c$ par $1 \pm \cos C$, d'introduire dans le second membre les valeurs (n) et (p) et de prendre enfin la somme ou la différence des numérateurs et des dénominateurs. Il vient ainsi :

1° $$\frac{1 + \cos c}{1 + \cos C} = \frac{\sin a \sin b\,(1 - \cos C)}{\sin A \sin B\,(1 - \cos c)} = \frac{\sin a \sin b - (\cos c - \cos a \cos b)}{\sin A \sin B - (\cos C + \cos A \cos B)}, \text{ ou}$$

$$\frac{1 + \cos c}{1 + \cos C} = \frac{-\cos c + \cos (a - b)}{-\cos C - \cos (A + B)} = \text{par une somme } \frac{1 + \cos (a - b)}{1 - \cos (A + B)},$$

c'est-à-dire
$$\frac{2 \cos^2 \frac{1}{2} c}{2 \cos^2 \frac{1}{2} C} = \frac{2 \cos^2 \frac{1}{2} (a - b)}{2 \sin^2 \frac{1}{2} (A + B)}.$$

De là
$$\cos \tfrac{1}{2} c \sin \tfrac{1}{2} (A + B) = \cos \tfrac{1}{2} C \cos \tfrac{1}{2} (a - b).$$

2° $$\frac{1 + \cos c}{1 - \cos C} = \frac{\sin a \sin b + \sin a \sin b \cos C}{\sin A \sin B - \sin A \sin B \cos c} = \frac{\sin a \sin b + \cos c - \cos a \cos b}{\sin A \sin B - \cos C - \cos A \cos B},$$

ou $$\frac{1 + \cos c}{1 - \cos C} = \frac{\cos c - \cos (a + b)}{-\cos C - \cos (A + B)} = \text{par une différence } \frac{1 + \cos (a + b)}{1 + \cos (A + B)}.$$

De là
$$\cos \tfrac{1}{2} c \cos \tfrac{1}{2} (A + B) = \sin \tfrac{1}{2} C \cos \tfrac{1}{2} (a + b).$$

3° $$\frac{1 - \cos c}{1 + \cos C} = \frac{\sin a \sin b - \sin a \sin b \cos C}{\sin A \sin B + \sin A \sin B \cos c} = \frac{-\cos c + \cos (a - b)}{\cos C + \cos (A - B)} = \frac{1 - \cos (a - b)}{1 - \cos (A - B)}$$

De là
$$\sin \tfrac{1}{2} c \sin \tfrac{1}{2} (A - B) = \cos \tfrac{1}{2} C \sin \tfrac{1}{2} (a - b).$$

4° $$\frac{1 - \cos c}{1 - \cos C} = \frac{\sin a \sin b + \sin a \sin b \cos C}{\sin A \sin B + \sin A \sin B \cos c} = \frac{\cos c - \cos (a + b)}{\cos C + \cos (A - B)} = \frac{1 - \cos (a + b)}{1 + \cos (A - B)}$$

De là
$$\sin \tfrac{1}{2} c \cos \tfrac{1}{2} (A - B) = \sin \tfrac{1}{2} C \sin \tfrac{1}{2} (a + b).$$

Les quatre formules de **Delambre** sont donc :

$$\begin{aligned}
\cos\tfrac{1}{2}c \sin\tfrac{1}{2}(A+B) &= \cos\tfrac{1}{2}C \cos\tfrac{1}{2}(a-b) \\
\cos\tfrac{1}{2}c \cos\tfrac{1}{2}(A+B) &= \sin\tfrac{1}{2}C \cos\tfrac{1}{2}(a+b) \\
\sin\tfrac{1}{2}c \sin\tfrac{1}{2}(A-B) &= \cos\tfrac{1}{2}C \sin\tfrac{1}{2}(a-b) \\
\sin\tfrac{1}{2}c \cos\tfrac{1}{2}(A-B) &= \sin\tfrac{1}{2}C \sin\tfrac{1}{2}(a+b)
\end{aligned} \qquad (56)$$

Si l'on divise ces relations deux à deux, de manière à avoir tang $\frac{1}{2}(A \pm B)$, puis tang $\frac{1}{2}(a \pm b)$, on obtiendra les quatre analogies de Néper :

$$\begin{aligned}
\text{tang}\,\tfrac{1}{2}(A+B) &= \cot\tfrac{1}{2}C \frac{\cos\frac{1}{2}(a-b)}{\cos\frac{1}{2}(a+b)} \\
\text{tang}\,\tfrac{1}{2}(A-B) &= \cot\tfrac{1}{2}C \frac{\sin\frac{1}{2}(a-b)}{\sin\frac{1}{2}(a+b)} \\
\text{tang}\,\tfrac{1}{2}(a+b) &= \text{tang}\,\tfrac{1}{2}c \frac{\cos\frac{1}{2}(A-B)}{\cos\frac{1}{2}(A+B)} \\
\text{tang}\,\tfrac{1}{2}(a-b) &= \text{tang}\,\tfrac{1}{2}c \frac{\sin\frac{1}{2}(A-B)}{\sin\frac{1}{2}(A+B)}
\end{aligned} \qquad (57)$$

59. Relations entre trois éléments d'un triangle sphérique rectangle, autres que l'angle droit. Soit $A = 90°$; les formules (52), (53), (54) et (55) donnent

$$\begin{aligned}
&\cos a - \cos b \cos c = 0 \\
&\cos B \cos C = \sin B \sin C \cos a \\
&\cos B = \sin C \cos b, \ \cos C = \sin B \cos c \\
&\frac{1}{\sin a} = \frac{\sin B}{\sin b} = \frac{\sin C}{\sin c} \\
&\cot a \sin b = \cos b \cos C, \ \cot a \sin c = \cos c \cos B \\
&\cot b \sin c - \cot B = 0, \ \cot c \sin b - \cot C = 0.
\end{aligned}$$

On obtient ainsi pour les relations entre

l'hyp. et les 2 côtés de l'angle droit..	$\cos a = \cos b \cos c$	(58)
l'hypotén. et les 2 angles obliques..	$\cos a = \cot B \cot C$	(59)
un côté et les 2 angles obliques....	$\cos B = \cos b \sin C$, $\cos C = \cos c \sin B$	(60)
l'hyp., un côté et l'angle opposé...	$\sin b = \sin B \sin a$, $\sin c = \sin C \sin a$	(61)
l'hyp., un côté et l'angle adjacent..	$\cos C = \text{tg}\, b \cot a$, $\cos B = \text{tg}\, c \cot a$	(62)
les 2 côtés et un angle oblique....	$\sin c = \text{tg}\, b \cot B$, $\sin b = \text{tg}\, c \cot C$	(63)

60. Plusieurs de ces relations s'oublient facilement ; mais on les retrouve au besoin, en prenant la relation générale entre les quatre éléments qu'on veut considérer, y compris l'angle droit, et en effectuant *à vue* les réductions qui se produisent quand on suppose cet angle de 90°.

On peut encore recourir à la règle de mnémonique suivante, due à Néper.

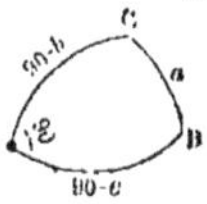

On fait abstraction complète de l'angle droit, qui ne figure pas dans les formules, et on remplace mentalement les côtés b, c de cet angle par leurs compléments $90° - b$, $90° - c$, ce qui forme, autour du triangle les cinq éléments $90° - b$, $90° - c$, B, a et C. Si l'on nomme élément *moyen* l'une quelconque de ces quantités, éléments *contigus* les deux qui avoisinent l'élément moyen, et éléments *séparés* les deux autres extrêmes, toutes les relations des triangles rectangles seront comprises dans les deux équations :

cosinus élém. moyen = produit des cotang. des élém. contigus ;
= produit des sinus des éléments séparés.

Cherchons, comme exemple, la relation entre b, B et C ; B est évidemment l'élément *moyen* entre les deux autres $90° - b$ et C, qui en sont *séparés* par les éléments $90° - c$ et a ; on aura donc $\cos B = \sin (90° - b) \sin C$ ou $\cos B = \cos b \sin C$.

Remarque I. La formule (58) exige que $\cos a$ soit de même signe que $\cos b \cos c$; il faut, par suite, que les trois cosinus soient positifs ou qu'un seul le soit. Donc, dans un triangle sphérique rectangle, ou les trois côtés sont moindres que 90°, ou un seul est plus petit et les deux autres plus grands que 90°.

Remarque II. D'après les formules (60), $\cos B$ a le même signe que $\cos b$, et il en est de même de $\cos C$ et de $\cos c$, puisque $\sin C$ et $\sin B$ sont toujours positifs. Donc, dans un triangle sphérique rectangle, un angle oblique et le côté opposé sont de même espèce, c'est-à-dire sont tous deux positifs ou tous deux négatifs.

RÉSOLUTION D'UN TRIANGLE SPHÉRIQUE OBLIQUANGLE.

61. 1er Cas : On connaît les trois côtés. Les trois angles A, B, C se déterminent par les relations (52). On a, pour l'angle A,

$$\cos A = \frac{\cos a - \cos b \cos c}{\sin b \sin c}$$

On rend cette expression propre au calcul logarithmique, en appliquant à l'angle A l'une des relations (18), (19) ou (20). Il vient

$$1-\cos A=\frac{\sin b\sin c-\cos a+\cos b\cos c}{\sin b\sin c}=\frac{\cos(b-c)-\cos a}{\sin b\sin c}$$
$$=\frac{2\sin\frac{1}{2}(a+b-c)\sin\frac{1}{2}(a-b+c)}{\sin b\sin c}$$
$$1+\cos A=\frac{\sin b\sin c+\cos a-\cos b\cos c}{\sin b\sin c}=\frac{\cos a-\cos(b+c)}{\sin b\sin c}$$
$$=\frac{2\sin\frac{1}{2}(a+b+c)\sin\frac{1}{2}(-a+b+c)}{\sin b\sin c}$$

Posons, comme au nº **45**, $a+b+c=2s$
d'où
$$-a+b+c=2(s-a)$$
$$a-b+c=2(s-b)$$
$$a+b-c=2(s-c)$$

Nous aurons
$$1-\cos A=\frac{2\sin(s-b)\sin(s-c)}{\sin b\sin c},\quad 1+\cos A=\frac{2\sin s\sin(s-a)}{\sin b\sin c}$$

Mais $2\sin^2\frac{1}{2}A=1-\cos A$, $2\cos^2\frac{1}{2}A=1+\cos A$, $\operatorname{tg}^2\frac{1}{2}A=\frac{1-\cos A}{1+\cos A}$;

On a donc les trois formules
$$\sin^2\tfrac{1}{2}A=\frac{\sin(s-b)\sin(s-c)}{\sin b\sin c}$$
$$\cos^2\tfrac{1}{2}A=\frac{\sin s\sin(s-a)}{\sin b\sin c}\qquad(64)$$
$$\operatorname{tang}^2\tfrac{1}{2}A=\frac{\sin(s-b)\sin(s-c)}{\sin s\sin(s-a)}$$

Les angles B et C s'obtiendront par les formules analogues
$$\sin^2\tfrac{1}{2}B=\frac{\sin(s-a)\sin(s-c)}{\sin a\sin c},\qquad \sin^2\tfrac{1}{2}C=\frac{\sin(s-a)\sin(s-b)}{\sin a\sin b}$$
$$\cos^2\tfrac{1}{2}B=\frac{\sin s\sin(s-b)}{\sin a\sin c},\qquad \cos^2\tfrac{1}{2}C=\frac{\sin s\sin(s-c)}{\sin a\sin b}$$
$$\operatorname{tg}^2\tfrac{1}{2}B=\frac{\sin(s-a)\sin(s-c)}{\sin s\sin(s-b)},\qquad \operatorname{tg}^2\tfrac{1}{2}C=\frac{\sin(s-a)\sin(s-b)}{\sin s\sin(s-c)}$$

Quand on cherche les trois angles, les formules des tangentes, outre qu'elles conduisent à des résultats généralement plus précis (nº **38**), ont l'avantage de n'employer que les sinus de quatre mêmes arcs. Autrement, on peut se servir des autres formules, en prenant de préférence celle du sinus de la moitié de l'angle cherché, si l'on présume que ce demi-angle doit être moindre que 45°, et celle du cosinus, si le demi-angle doit dépasser cette quantité.

EXEMPLE. Soient

$a =$	72°14′26″			
$b =$	110 18 20			
$c =$	48 50 42			
$2s$...	231 23 28	Calcul de A	de B	de C
s...	115 41 44...	col sin 0.045222...	col sin 0.045222...	col sin 0.045222
$s-a$	48 27 18...	col sin 0.162547...	log sin $\bar{1}$.837453...	log sin $\bar{1}$.837453
$s-b$	5 23 24...	log sin $\bar{2}$.972824...	col sin 1.027170...	log sin $\bar{2}$.972824
$s-c$	66 51 2...	log sin $\bar{1}$.963544...	log sin $\bar{1}$.963544...	col sin 0.036456
Somme		$\bar{1}$.144137	0.873395	$\bar{2}$.891955
$\frac{1}{2}$ Som ...		ltg $\frac{1}{2}$ A = $\bar{1}$.572068	ltg $\frac{1}{2}$ B = 0.436697	ltg $\frac{1}{2}$ C = $\bar{1}$.445977
		$\frac{1}{2}$ A = 20°28′16″	$\frac{1}{2}$ B = 69°54′18″	$\frac{1}{2}$ C = 15°36′ 7″
		A = 40°56′32″	B = 139°48′36″	C = 31°12′14″

62. La valeur de cos A peut prendre une autre forme logarithmique ; car le produit $\cos b \cos c$ de deux quantités moindres que l'unité, étant lui-même plus petit que 1, il est possible, d'après la remarque du n° **32**, de poser

$$\cos M = \cos b \cos c$$

Il vient alors

$$\cos A = \frac{\cos a - \cos M}{\sin b \sin c} = \frac{-2 \sin \frac{1}{2}(a + M) \sin \frac{1}{2}(a - M)}{\sin b \sin c}$$

Il est essentiel d'apporter une grande attention aux signes des lignes trigonométriques, pour savoir si M et A sont moindres ou plus grands que 90°.

63. 2e **Cas : On connait deux côtés** a, b **et l'angle compris C.** On obtient c par la relation entre les trois côtés et l'angle C ; il vient

$$\cos c = \cos a \cos b + \sin a \sin b \cos C$$

Le second membre peut être rendu logarithmique par les procédés du n° **32** ; mais sa forme étant celle du binome $A \sin a + B \cos a$, dans lequel a représentera, à volonté, a ou b, il est préférable de recourir aux moyens indiqués au n° **33**.

Si nous mettons, par exemple, $\cos a$ en facteur commun au second membre, nous aurons

$$\cos c = \cos a (\cos b + \operatorname{tang} a \cos C \sin b)$$

Posant $\qquad \operatorname{tang} M = \operatorname{tang} a \cos C \qquad (65)$

On obtient successivement

$$\cos c = \cos a\,(\cos b + \operatorname{tang} M \sin b)$$
$$= \cos a\left(\cos b + \frac{\sin M}{\cos M}.\sin b\right)$$
$$= \cos a\left(\frac{\cos b \cos M + \sin b \sin M}{\cos M}\right)$$

ou enfin

$$\cos c = \cos a\,\frac{\cos (b - M)}{\cos M} \tag{66}$$

On calcule M par la relation (65), puis c par la relation (66).

Pour obtenir l'angle A, on prend la relation entre les quatre éléments consécutifs a, C, b et A ; on a, d'après (55),

$$\cot a \sin b - \cot A \sin C = \cos b \cos C$$

d'où
$$\cot A \sin C = \cot a \sin b - \cos C \cos b$$

Le second membre est encore un binome de la forme A sin a — B cos a, dans lequel a représentera b ; en mettant cos C en facteur commun, on a

$$\cot A \sin C = \cos C\left(\frac{\cot a}{\cos C}\sin b - \cos b\right)$$

Si nous posons $\cot M = \frac{\cot a}{\cos B}$, c'est-à-dire $\frac{1}{\operatorname{tg} M} = \frac{1}{\operatorname{tg} a \cos C}$, ce qui revient à la relation (65), nous aurons

$$\cot A \sin C = \cos C\left(\frac{\cos M}{\sin M}\sin b - \cos b\right)$$
$$= \cos C\,\frac{\cos M \sin b - \cos b \sin M}{\sin M}$$

d'où l'on tire
$$\cot A = \cot C\,\frac{\sin (b - M)}{\sin M}$$

ou encore
$$\operatorname{tang} A = \operatorname{tang} C\,\frac{\sin M}{\sin (b - M)} \tag{67}$$

Le troisième angle B se déduirait de la relation entre les quatre éléments consécutifs b, C, a et B,

$$\cot b \sin a - \cot B \sin C = \cos a \cos C$$

En opérant comme pour l'angle B, on trouverait

$$\operatorname{tang} N = \operatorname{tang} b \cos C \tag{65_1}$$
$$\operatorname{tang} B = \operatorname{tang} C\,\frac{\sin N}{\sin (a - N)} \tag{67_1}$$

Les combinaisons précédentes peuvent être variées de différentes manières (*Voir la note* B).

EXEMPLE. On donne $a=50°5'47''$, $b=41°9'46''$, $C=114°7'30''$; trouver c et A.

$$\text{tg}\,M=\text{tg}\,a\cos C,\quad \cos c=\cos a\,\frac{\cos(b-M)}{\cos M},\quad \text{tg}\,A=\text{tg}\,C\,\frac{\sin M}{\sin(b-M)}$$

a.......	50° 5'47''	(+) l tg.	0.077671	(+) l cos..	$\bar{1}.807195$	
C.......	114 7 30	(—) l cos	$\bar{1}.611435$		(—) l tg.	0.348872
b.......	41 9 46	(—) l tg M=	$\bar{1}.689106$			
M > 90.	153 57 7	... .	....	(—) col cos	0.046518	(+) l sin $\bar{1}.642588$
b—M.	—112 47 21	... .	....	(—) l cos..	$\bar{1}.588094$	(—) col sin 0.035299
				(+) l cos c=	$\bar{1}.441807$	(+) l tg A=0.026759
					$c=73°56'40''$	A=46°45'51''

N. B. Les signes entre parenthèses sont ceux des lignes trigonométriques qu'ils précèdent ; ainsi le cos de b—M est négatif, parce que cos (—112°47'21'') = cos 112°47'25''. Le signe de la ligne trigonométrique de l'angle cherché est évidemment POSITIF ou *négatif*, suivant que le nombre des signes négatifs supérieurs est PAIR ou *impair*. L'angle M a été pris > 90° parce que sa tangente est négative.

64. Les deux angles A et B peuvent être calculés simultanément. On obtient, en effet, $\frac{1}{2}(A+B)$ et $\frac{1}{2}(A-B)$ par les deux premières analogies de NÉPER (57).

$$\text{tang}\,\tfrac{1}{2}(A+B)=\cot\tfrac{1}{2}C\,\frac{\cos\frac{1}{2}(a-b)}{\cos\frac{1}{2}(a+b)}$$

$$\text{tang}\,\tfrac{1}{2}(A-B)=\cot\tfrac{1}{2}C\,\frac{\sin\frac{1}{2}(a-b)}{\sin\frac{1}{2}(a+b)} \qquad (68)$$

d'où

$$A=\tfrac{1}{2}(A+B)+\tfrac{1}{2}(A-B)$$
$$B=\tfrac{1}{2}(A+B)-\tfrac{1}{2}(A-B)$$

On déduit ensuite, si on le veut, le côté c de l'une des deux dernières analogies, ou encore d'une des quatre formules de DELAMBRE (56).

Il peut, d'ailleurs, s'obtenir directement comme plus haut (*Voir la note* C).

EXEMPLE. On donne $a=176°55'22''$, $b=11°25'56''$, $C=168°41'20''$; trouver A et B.

$a+b$.....	188°21'18''				
$a-b$.....	165 29 26				
$\frac{1}{2}(a+b)$...	94 10 39	(—) col cos....	1.137590	(+) col sin....	0.001155
$\frac{1}{2}(a-b)$...	82 44 43	(+) l cos......	$\bar{1}.101337$	(+) l sin......	$\bar{1}.996509$
$\frac{1}{2}$C........	84 20 40	(+) col tang...	$\bar{2}.995766$	(+) col tang...	$\bar{2}.995766$
$\frac{1}{2}(A+B)$..	170 15 32.5	(—) l tg $\frac{1}{2}$(A+B)=	$\bar{1}.234693$	(+) l tg $\frac{1}{2}$(A—B)=	$\bar{2}.993430$
$\frac{1}{2}(A-B)$..	5 37 31.5				
A = Som. =	175 53 4.0				
B = Diff. =	164 38 1.0				

65. 3° Cas : On connaît deux côtés a, b et l'angle A opposé à l'un d'eux. On tire des relations (54), pour déterminer B,

$$\sin B = \frac{\sin b \sin A}{\sin a} \tag{69}$$

On obtient, ensuite, C et c par les analogies de NÉPER (57) qui donnent

$$\operatorname{tg} \tfrac{1}{2} C = \cot \tfrac{1}{2}(A+B) \frac{\cos \frac{1}{2}(a-b)}{\cos \frac{1}{2}(a+b)} = \cot \tfrac{1}{2}(A-B) \frac{\sin \frac{1}{2}(a-b)}{\sin \frac{1}{2}(a+b)} \tag{70}$$

$$\operatorname{tg} \tfrac{1}{2} c = \operatorname{tg} \tfrac{1}{2}(a+b) \frac{\cos \frac{1}{2}(A+B)}{\cos \frac{1}{2}(A-B)} = \operatorname{tg} \tfrac{1}{2}(a-b) \frac{\sin \frac{1}{2}(A+B)}{\sin \frac{1}{2}(A-B)} \tag{71}$$

REMARQUE. La valeur de B est déterminée par un sinus, et on sait qu'à un même sinus correspondent deux angles moindres que 180°, supplémentaires l'un de l'autre. Nous nous dispenserons de discuter les circonstances où le problème admet une seule ou bien deux solutions, parce que dans les applications on n'est jamais indécis sur la valeur qu'on doit prendre. Nous nous bornerons à énoncer la règle suivante, due à DELAMBRE :

Si le côté a opposé à l'angle donné A, est compris entre l'autre côté b et son supplément $180° - b$, il n'y a qu'un seul triangle, et la valeur de l'angle B qui lui convient est de même espèce que le côté b.

Hors de ces limites le triangle est double ; les deux valeurs de l'angle B déterminent deux valeurs correspondantes de C et de c.

EXEMPLE. On suppose $a = 91°47'40''$, $b = 112°48'0''$, $A = 123°48'4''$.

(a est compris entre b et $180° - b$; il n'y a donc qu'une solution et B doit être plus grand que 90° comme b)

a	91°47'40"			...col sin	0.000213		
b	112 48 0			...l sin	$\bar{1}$.964666		
A	123 48 4			...l sin	$\bar{1}$.919587		
B > 90° =	129 58 0			l sin B =	$\bar{1}$.884466		
$a+b$....	204 35 40 ;	$\frac{1}{2}(a+b)$ =	102°17'50"	..col cos	0.671655	..l tang	0.661574
$a-b$..	— 21 0 20 ;	$\frac{1}{2}(a-b)$ =	—10 30 10	..l cos	$\bar{1}$.992662		
A+B....	253 46 4 ;	$\frac{1}{2}$(A+B) =	126 53 2	..col tang	$\bar{1}$.875282	..l cos	$\bar{1}$.778293
A—B..	— 6 9 56 ;	$\frac{1}{2}$(A—B) =	— 3 4 58	..		col cos	0.000629
$\frac{1}{2}$ C =	73°53'53".5	$\frac{1}{2}c$ =	70° 3'58"	l tg $\frac{1}{2}$ C =	0.539599	l tg $\frac{1}{2}c$ =	0.440496
C =	147 47 47	c =	140 7 56				

66. 4° Cas : On donne les trois angles A, B, C. On pourrait trouver a, b, c par les relations (53), auxquelles on ferait subir des transformations analogues à celles des nᵒˢ **61** et **62**. Mais ce cas ne se présentant pour ainsi dire jamais dans la pratique, nous le résoudrons tout simplement par le triangle polaire, où l'on connaîtra les trois côtés

$$a' = 180° - A, \; b' = 180° - B, \; c' = 180° - C$$

Calculant les trois angles A', B', C' de ce triangle, on en conclura les trois côtés du triangle proposé

$$a = 180° - A', \; b = 180° - B', \; c = 180° - C'.$$

67. 3e Cas : On donne deux angles A, B et le côté adjacent *c*. On connaît, dans le triangle polaire, les deux côtés a', b' et l'angle compris C',

$$a' = 180° - A, \; b' = 180° - B, \; C' = 180° - c$$

Appliquant à ce triangle les solutions du 2e cas (nos **63** et **64**), on obtient c', A', B' et par suite, dans le triangle proposé,

$$C = 180° - c', \; a = 180° - A', \; b = 180° - B'$$

Il serait facile, du reste, d'obtenir directement chacun de ces éléments; on transformerait les relations entre les éléments donnés et les éléments inconnus, par des procédés semblables à ceux des nos **63** et **64**.

68. 5e Cas : On donne deux angles A, B et le côté *a* opposé à l'un d'eux. Le triangle polaire peut encore servir ici; ou bien on cherchera b par la relation

$$\sin b = \frac{\sin B \sin a}{\sin A} \tag{72}$$

puis C et c par les formules (70) et (71)

Si l'angle A est compris entre B et 180° — B, il n'y a qu'un seul triangle et la valeur de b est de même espèce que B.

Hors de ces limites, il y a deux triangles.

RÉSOLUTION DES TRIANGLES SPHÉRIQUES RECTANGLES.

69. Un triangle sphérique, suivant qu'il est tri-rectangle ou bi-rectangle, a ses trois côtés de 90°, ou bien a deux côtés seulement de 90° et le troisième côté égal au troisième angle. Il n'y a donc à considérer que le cas où le triangle ne renferme qu'un seul angle droit A : alors les éléments donnés qui, avec cet angle, serviront à résoudre le triangle, seront ou deux des trois côtés

a, b, c, ou les deux angles obliques B, C, ou enfin un côté et l'un des angles obliques. On obtient ainsi les six problèmes distincts qui suivent :

1er Cas : On connaît les deux côtés b, c de l'angle droit. L'hypoténuse a et les deux angles obliques B, C résultent des formules (58) et (63), qui donnent

$$\cos a = \cos b \cos c,\quad \operatorname{tang} B = \frac{\operatorname{tang} b}{\sin c},\quad \operatorname{tang} C = \frac{\operatorname{tang} c}{\sin b} \qquad (73)$$

EXEMPLE. On suppose $b = 155^\circ 46' 43''$, $c = 110^\circ 46' 20''$.

		a		B		C
b..	(—) l cos...	$\bar{1}$.959979	(—) l tang....	$\bar{1}$.653083	(+) col sin...	0.386937
c..	(—) l cos...	$\bar{1}$.549805	(+) col sin...	0.029189	(—) l tang....	0.421006
	(+) l cos a =	1.509784	(—) l tang B =	$\bar{1}$.682272	(—) l tang C =	0.807943
	a =	71°7'46''	B =	154°18'21''	C =	98°50'43''

70. 2e Cas : On connaît l'hypoténuse a et un des côtés b de l'angle droit. Par les formules (58), (61) et (62), il vient

$$\cos c = \frac{\cos a}{\cos b},\quad \sin B = \frac{\sin b}{\sin a},\quad \cos C = \operatorname{tang} b \cot a \qquad (74)$$

La seconde formule donne deux valeurs pour l'angle B, mais on ne doit prendre que celle qui est de l'espèce de b (no **60**, REMARQUE II).

EXEMPLE. On suppose $a = 45^\circ 30' 0''$, $b = 39^\circ 18' 49''$.

		c		B		C
a.....	l cos.....	$\bar{1}$.845662	col sin....	0.146758	col tang....	$\bar{1}$.992420
b.....	col cos...	0.111433	l sin.....	$\bar{1}$.801791	l tang......	$\bar{1}$.913224
	l cos c =	$\bar{1}$.957095	l sin B =	$\bar{1}$.948549	l cos C =	$\bar{1}$.905644
	c =	25°3'4''	B =	62°39'28''	C =	36°25'0''

71. 3e Cas : On connaît les deux angles obliques B, C. On a, par les formules (59) et (60)

$$\cos a = \cot B \cot C,\quad \cos b = \frac{\cos B}{\sin C},\quad \cos c = \frac{\cos C}{\sin B} \qquad (75)$$

EXEMPLE. On suppose $B = 154^\circ 18' 21''$, $C = 98^\circ 50' 43''$.

		a		b		c
B..	(—) col tang..	0.317726	(—) l cos...	$\bar{1}$.954783	(+) col sin...	0.362943
C..	(—) col tang..	$\bar{1}$.192058	(+) col sin.	0.005196	(—) l cos....	$\bar{1}$.186862
	(+) l cos a =	$\bar{1}$.509784	(—) l cos b =	$\bar{1}$.959979	(—) l cos c =	$\bar{1}$.549805
	a =	71°7'46''	b =	155°46'43''	c =	110°46'20''

72. 4e Cas : On connaît l'un des angles obliques B et le côté c de l'angle droit adjacent. On tire des relations (60), (62) et (63)

$$\cos C = \cos c \sin B, \quad \operatorname{tang} a = \frac{\operatorname{tang} c}{\cos B}, \quad \operatorname{tang} b = \operatorname{tang} B \sin c \qquad (76)$$

Exemple. On suppose $B = 115^\circ 42' 24''$, $c = 20^\circ$.

	C		a		b
B.. (+) l sin...	$\bar{1}.954738$	(—) col cos...	0.362747	(—) l tang...	0.317485
c... (+) l cos...	1.972986	(+) l tang....	1.561066	(+) l sin....	1.534052
(+) l cos C =	1.927724	(—) l tang a =	1.923813	(—) l tang b =	$\bar{1}.851537$
C =	32°8'48''	a =	140°0'0''	b =	144°36'28''

73. 5e Cas : On connaît un des angles obliques B et l'hypoténuse a. Les relations (59), (61) et (62) donnent

$$\operatorname{tang} C = \frac{\cot B}{\cos a}, \quad \sin b = \sin B \sin a, \quad \operatorname{tang} c = \operatorname{tang} a \cos B.$$

Le côté b doit être de même espèce que l'angle opposé B.

Exemple. On suppose $B = 108^\circ 23'$, $a = 121^\circ 17' 45''$.

	C		b		c
B.. (—) col tang...	1.521573	l sin.....	$\bar{1}.977251$	(—) l cos....	$\bar{1}.498825$
a.. (—) col cos....	0.284450	l sin.....	$\bar{1}.931710$	(—) l tang...	0.216161
(+) l tang C =	$\bar{1}.806023$	l sin b =	1.908961	(+) l tang c =	1.714986
C =	32°36'35''	$b > 90^\circ$ =	125°49'2''	c =	27°25'10''

74. 6e Cas : On connaît un angle oblique B et le côté opposé b. On a, par les relations (60), (61) et (63),

$$\sin C = \frac{\cos B}{\cos b}, \quad \sin a = \frac{\sin b}{\sin B}, \quad \sin c = \operatorname{tang} b \cot B$$

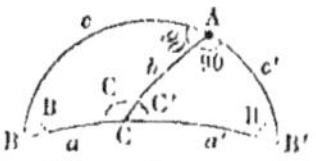

Ici les éléments inconnus ont deux valeurs, comme étant donnés par des sinus. Si l'on achève, en effet, le fuseau de l'angle B, on voit qu'il existe deux triangles ABC, AB'C rectangles en A, formés avec les mêmes éléments donnés B et b. Chaque valeur C ou C' du troisième angle, fait connaître l'espèce correspondante du côté opposé c ou c', et par suite celle de a ou a' d'après les remarques du no **60**.

Exemple. On suppose $B = 99^\circ 30'$, $b = 107^\circ 16'$.

	C et C'		a et a'		b et b'
B.... l cos.....	$\bar{1}.217609$	col sin...	0.005997	col tang...	$\bar{1}.223607$
b.... col cos...	0.527508	l sin.....	1.979973	l tang.....	0.507481
l sin C =	$\bar{1}.745117$	l sin a =	1.985970	l sin c =	1.731088
C =	33°47'	a =	104°29' 8''	c =	32°34'24''
C' =	146°13'	a' =	75°30'52''	c' =	147°25'36''

75. Triangle isoscèle. La résolution du triangle sphérique isoscèle se ramène à celle d'un triangle rectangle, semblablement à ce qui a été dit en trigonométrie rectiligne.

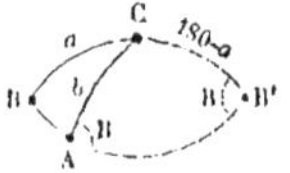

Quand deux côtés a, b d'un triangle sphérique ABC sont supplémentaires, il en est de même des angles opposés A et B, et réciproquement. On peut alors substituer au triangle ABC le triangle AB'C qu'on obtient en achevant le fuseau de l'un de ces angles. Dans ce triangle C B' = 180° — $a = b$, CAB' = 180° — A = B ; on a ainsi un triangle isoscèle, dont la solution entraine celle du triangle proposé.

NOTE A (PAGE 22).

On obtient comme il suit, les diverses combinaisons qui servent à rendre logarithmique le binome

$$\mathrm{A}\sin a \pm \mathrm{B}\cos a$$

Soient m et M deux quantités telles qu'on ait

$$\left.\begin{array}{l} m \sin \mathrm{M} = \mathrm{B} \\ m \cos \mathrm{M} = \mathrm{A} \end{array}\right\} \text{ d'où } \operatorname{tang} \mathrm{M} = \frac{\mathrm{B}}{\mathrm{A}}, \text{ et } m = \frac{\mathrm{B}}{\sin \mathrm{M}} = \frac{\mathrm{A}}{\cos \mathrm{M}}$$

Les valeurs de B et de A substituées dans le binome donnent

$$\begin{aligned} \mathrm{A}\sin a \pm \mathrm{B}\cos a &= m(\cos \mathrm{M} \sin a \pm \sin \mathrm{M} \cos a) \\ &= m \sin (a \pm \mathrm{M}) \end{aligned}$$

De sorte qu'en remplaçant m par les valeurs trouvées plus haut, on a le premier système d'équations

$$\operatorname{tang} \mathrm{M} = \frac{\mathrm{B}}{\mathrm{A}}$$

$$\begin{aligned} \mathrm{A}\sin a \pm \mathrm{B}\cos a &= \frac{\mathrm{B}}{\sin \mathrm{M}} \sin (a \pm \mathrm{M}) \qquad (30,) \\ &= \frac{\mathrm{A}}{\cos \mathrm{M}} \sin (a \pm \mathrm{M}) \end{aligned}$$

Si l'on alterne les valeurs des coefficients A et B, c'est-à-dire si l'on pose

$$\left.\begin{array}{l} m \sin \mathrm{M}' = \mathrm{A} \\ m \cos \mathrm{M}' = \mathrm{B} \end{array}\right\} \text{ d'où } \operatorname{tang} \mathrm{M}' = \frac{\mathrm{A}}{\mathrm{B}}, \text{ et } m = \frac{\mathrm{A}}{\sin \mathrm{M}'} = \frac{\mathrm{B}}{\cos \mathrm{M}'}$$

il vient

$$\begin{aligned} \mathrm{A}\sin a \pm \mathrm{B}\cos a &= m(\sin \mathrm{M}' \sin a \pm \cos \mathrm{M}' \cos a) \\ &= \pm m \cos (a \mp \mathrm{M}') \end{aligned}$$

on a donc, cet autre système d'équations

$$\operatorname{tang} M' = \frac{A}{B}$$

$$A \sin a \pm B \cos a = \frac{\pm A}{\sin M'} \cos (a \mp M') \qquad (36_2)$$

$$= \frac{\pm B}{\cos M'} \cos (a \mp M')$$

Dans toutes ces formules, les signes supérieurs se correspondent entre eux, ainsi que les signes inférieurs. On remarquera que les angles auxiliaires M, M′ sont liés entre eux par la relation tang M tang M′ = 1, d'où tang M′ = cot M, c'est-à-dire M′ = 90° — M (h) ou = 270° — M (k).

Note B (Page 45).

Reprenons l'équation

$$\cos c = \cos a \cos b + \sin a \sin b \cos C$$

où c est inconnu. La forme du second membre étant celle du binome A sin a + B cos a, dans lequel a représente, à volonté, a ou b de l'équation, b par exemple, on fera A = sin a cos C, B = cos a, et il viendra par les formules (36_1)

$$\operatorname{tang} M = \frac{\cot a}{\cos C} \qquad (65_1)$$

$$\cos c = \frac{\cos a}{\sin M} \sin (b + M)$$

$$= \frac{\sin a \cos C}{\cos M} \sin (b + M) \qquad (66_1)$$

ou par les formules (36_2)

$$\operatorname{tang} M' = \operatorname{tang} a \cos C \qquad (65_2)$$

$$\cos c = \frac{\sin a \cos C}{\sin M'} \cos (b - M')$$

$$= \frac{\cos a}{\cos M'} \cos (b - M') \qquad (66_2)$$

Dans ces relations, les lettres a et b peuvent être permutées l'une à la place de l'autre.

On rend également logarithmique la relation qui donne A

$$\cot A \sin C = \cot a \sin b - \cos C \cos b$$

en comparant son second membre au binome A sin a — B cos a, où l'on fera $a = b$, $A = \cot a$, $B = \cos C$; on obtient, par les formules (36_1), en mettant ici un accent à l'angle auxiliaire M qui se trouve être le même que dans la formule (65_2),

$$\cot A \sin C = \frac{\cos C}{\sin M'} \sin (b - M') = \frac{\cot a}{\cos M'} \sin (b - M')$$

d'où
$$\tang A = \frac{\tang C \sin M'}{\sin (b - M')} = \frac{\tang a \sin C \cos M'}{\sin (b - M')} \qquad (67_1)$$

On trouverait par les relations (36_2), en supprimant l'accent de l'angle auxiliaire M', qui devient le même que dans la formule (65_1),

$$\tang A = \frac{-\tang a \sin C \sin M}{\cos (b + M)} = \frac{-\tang C \cos M}{\cos (b + M)} \qquad (67_2)$$

En associant les formules (65_1), (66_1) et (67_2), ou (65_2), (66_2) et (67_1), on a l'avantage d'obtenir les deux éléments c et A par le même arc auxiliaire M ou M', et d'employer dans les deux calculs la même somme $(b + M)$ ou la même différence $(b - M')$.

NOTE C (PAGE 45).

On transforme, parfois, comme il suit, la relation

$$\cos c - \cos a \cos b = \sin a \sin b \cos C$$

qui donne le côté c. Si l'on ajoute, puis si l'on retranche $\sin a \sin b$ dans les deux membres, il vient

$$\cos c - \cos (a + b) = \sin a \sin b (1 + \cos C), \quad \cos c - \cos (a - b) = -\sin a \sin b (1 - \cos C)$$

ou

$$\cos c = \cos (a + b) + \sin a \sin b (1 + \cos C), \quad \cos c = \cos (a - b) \quad -\sin a \sin b (1 - \cos C)$$

Retranchant de l'unité les deux membres de la première équation et ajoutant à l'unité les deux membres de la seconde, on obtient en vertu des relations (18) et (19), après la suppression du facteur 2 commun à tous les termes,

$$\sin^2 \tfrac{1}{2} c = \sin^2 \tfrac{1}{2} (a + b) - \sin a \sin b \cos^2 \tfrac{1}{2} C$$
$$\cos^2 \tfrac{1}{2} c = \cos^2 \tfrac{1}{2} (a - b) - \sin a \sin b \sin^2 \tfrac{1}{2} C$$

Or, le premier membre de chacune de ces équations est essentiellement positif, ainsi que le premier terme du second membre;

il faut donc que le dernier terme, toujours soustractif, soit moindre que celui qui le précède. Par suite, le second membre est un binome de la forme A — B où B est < A, et le 2e procédé 1° du n° **32**, pour le rendre logarithmique, lui est applicable. Mettant le premier terme du second membre en facteur commun, on a

$$\sin^2 \tfrac{1}{2} c = \sin^2 \tfrac{1}{2}(a+b)\left(1 - \frac{\sin a \sin b \cos^2 \frac{1}{2} C}{\sin^2 \frac{1}{2}(a+b)}\right)$$

$$\cos^2 \tfrac{1}{2} c = \sin^2 \tfrac{1}{2}(a-b)\left(1 - \frac{\sin a \sin b \sin^2 \frac{1}{2} C}{\cos^2 \frac{1}{2}(a-b)}\right)$$

Si l'on pose

$$\sin^2 M = \frac{\sin a \sin b \cos^2 \frac{1}{2} C}{\sin^2 \frac{1}{2}(a+b)}, \qquad \sin^2 M' = \frac{\sin a \sin b \sin^2 \frac{1}{2} C}{\cos^2 \frac{1}{2}(a-b)}$$

On obtiendra

$$\sin^2 \tfrac{1}{2} c = \sin^2 \tfrac{1}{2}(a+b)(1-\sin^2 M), \quad \cos^2 \tfrac{1}{2} c = \cos^2 \tfrac{1}{2}(a-b)(1-\sin^2 M')$$

ou bien en remplaçant $1 - \sin^2$ par $\cos^2$ et en extrayant les racines carrées,

$$\sin M = \frac{\cos \frac{1}{2} C}{\sin \frac{1}{2}(a+b)} \sqrt{\sin a \sin b}, \quad \sin M' = \frac{\sin \frac{1}{2} C}{\cos \frac{1}{2}(a-b)} \sqrt{\sin a \sin b}$$

$$\sin \tfrac{1}{2} c = \sin \tfrac{1}{2}(a+b) \cos M, \qquad \cos \tfrac{1}{2} c = \cos \tfrac{1}{2}(a-b) \cos M'$$

EXEMPLE. On donne $a = 176°55'22''$, $b = 11°25'56''$, $C = 168°41'20''$.

Calcul de c *par le premier système d'équations*

a	176°55'22''	l sin....	$\bar{2}.729827$		
b	11 25 56	l sin....	$\bar{1}.297123$		
$a+b$...	188 21 18	Somme.	$\bar{2}.026950$		
		$\frac{1}{2}$ Somme.	$\bar{1}.013475$		
$\frac{1}{2}(a+b)$.	94 10 39	col sin..	0.001155	l sin.....	$\bar{1}.998845$
$\frac{1}{2}$ C......	84 20 40	l cos...	$\bar{2}.993647$		
M =	0°35' 2''	l sin M =	$\bar{2}.008277$	l cos	$\bar{1}.999977$
$\frac{1}{2} c$ =	85 46 55			l sin $\frac{1}{2} c$ =	$\bar{1}.998822$
c =	171 33 50				

N. B. L'angle $\frac{1}{2} c$ est déterminé par un sinus, et comme sa valeur diffère assez peu de 90°, le résultat peut être erroné de plusieurs secondes.

Vannes. — Imprimerie Gustave De Lamarzelle.

TABLE DES MATIÈRES.

I. LIGNES TRIGONOMÉTRIQUES.

Notions préliminaires.

Définitions des lignes trigonométriques.

Relations entre les lignes trigonométriques d'un même angle.

Formules relatives à la somme et à la différence de deux angles, à la multiplication et à la division des angles.

Moyen de rendre logarithmiques diverses expressions trigonométriques.

Notions sur la construction des tables trigonométriques. Usage de ces tables.

II. TRIGONOMÉTRIE RECTILIGNE.

Relations qui servent à la résolution d'un triangle rectiligne.

Résolution d'un triangle rectiligne quelconque.

Résolution d'un triangle rectiligne rectangle.

III. TRIGONOMÉTRIE SPHÉRIQUE.

Relations qui servent à la résolution d'un triangle sphérique.

Résolution d'un triangle sphérique obliquangle.

Résolution d'un triangle sphérique rectangle.

OUVRAGES DES MÊMES AUTEURS

Destinés à l'instruction des Officiers de la Marine du Com

ÉLÉMENTS D'ARITHMÉTIQUE & D'ALGÈBRE.
ÉLÉMENTS DE GÉOMÉTRIE.
ÉLÉMENTS DE TRIGONOMÉTRIE.

TRAITÉ DE NAVIGATION, par V. CAILLET, Examinateur Marine.

TABLES DES LOGARITHMES & COLOGARITHMES DES NOMBRES LIGNES TRIGONOMÉTRIQUES, par le même.

Vannes.— Imp. Gust. De L

www.ingramcontent.com/pod-product-compliance
Ingram Content Group UK Ltd.
Pitfield, Milton Keynes, MK11 3LW, UK
UKHW022138190726
13855UKWH00003B/1213

9 782013 051477